Theory and Practice of Endogenous Dynamics for Rural Habitat Construction

乡村人居建设

内生动力的理论与实践

石欣欣 著

中国建筑工业出版社

图书在版编目（CIP）数据

乡村人居建设内生动力的理论与实践 = Theory and Practice of Endogenous Dynamics for Rural Habitat Construction / 石欣欣著 . -- 北京：中国建筑工业出版社，2024. 9. -- ISBN 978-7-112-30375-5

Ⅰ. TU241.4

中国国家版本馆 CIP 数据核字第 20241PK495 号

数字资源阅读方法

本书提供全书图片的电子版（部分图片为彩色）作为数字资源，读者可使用手机/平板电脑扫描右侧二维码后免费阅读。

操作说明：

扫描右侧二维码 → 关注“建筑出版”公众号 →点击自动回复链接 → 注册用户并登录 → 免费阅读数字资源。

注：数字资源从本书发行之日起开始提供，提供形式为在线阅读、观看。如果扫码后遇到问题无法阅读，请及时与我社联系。客服电话：4008-188-688（周一至周五 9：00—17：00），Email：jzs@cabp.com.cn。

责任编辑：李成成
责任校对：王 烨

乡村人居建设内生动力的理论与实践
Theory and Practice of Endogenous Dynamics for Rural Habitat Construction
石欣欣 著
*
中国建筑工业出版社出版、发行（北京海淀三里河路9号）
各地新华书店、建筑书店经销
北京雅盈中佳图文设计公司制版
建工社（河北）印刷有限公司印刷
*
开本：787毫米×1092毫米 1/16 印张：$11^{3}/_{4}$ 字数：221千字
2024 年 11 月第一版 2024 年 11 月第一次印刷
定价：59.00元（赠数字资源）
ISBN 978-7-112-30375-5
（43674）

前　言

一直以来，“三农”都是我国应对经济危机的稳定器和压舱石（温铁军，2013）。2021年我国开启了全面建设社会主义现代化国家的新征程，习近平总书记在党的二十大报告中强调“全面建设社会主义现代化国家，最艰巨最繁重的任务仍然在农村”。乡村建设一直是我国现代化进程中的核心议题，“十四五”规划纲要指出要实施乡村建设行动，把乡村建设摆在社会主义现代化建设的重要位置。然而，目前我国乡村人居建设面临着城乡有别、地区有别的现实困境，亟须在全面推进乡村振兴和实施乡村建设行动的过程中，补齐乡村人居建设的短板弱项，逐步解决发展的不平衡不充分问题。

大量实践经验表明，在乡村建设行动中争取财政资金与社会资本等外部力量的支持固然重要，但是财政资金无法保证持续而均衡的投入，并且社会资本逐利的天性决定了其目标并不总与乡村振兴一致。当前，中国式现代化的乡村振兴进入新阶段，追求场面和宏大叙事的乡村建设运动不可持续，宜居宜业和美乡村建设需要开源节流、注重实效。激发内生动力，调动乡村内部力量对接国家资源和社会资源，形成内外合力共同推动可持续的乡村建设与发展已成为乡村振兴的一条必然路径。但内生动力究竟是一种怎样的力量？特别是在当前以政府和市场为主导的乡村人居建设过程中，这种力量如何才能被激发出来？

中国发展的经验表明“改革开放是决定当代中国命运的关键一招”[①]，我国的乡村人居建设作为一种国家行为和社会活动，无法避免地受到改革的影响。经济学家周其仁（2017）认为新制度经济学的产权理论和交易费用理论对中国的改革和实践具有非凡的解释力，经济学家张五常（2015）也认为中国的改革是符合新制度经济学规律的。本书从新制度经济学的视角出发，构建乡村人居建设内生动力学的理论基础和理论分析框架，在宏观层面利用历史经验研究剖析制度变革影响下我国乡村人

---

① 人民日报 . 习近平总书记全面深化改革开放金句 [EB/OL].（2023-12-18）[2024-07-15]. https://www.ccps.gov.cn/xtt/202312/t20231218_160537.shtml.

居建设内生动力的演变脉络，在微观层面通过案例实证研究剖析基层制度创新影响下乡村人居建设内生动力的生成机制。本书主要包括以下内容：（1）构建了内生动力的理论基础：运用新制度经济学的集体行动理论，着重对研究问题进行了理论解释，将内生动力解读为一种基于村民合作的村庄集体行动力，并阐释了内生动力的内涵、特征和阻力。（2）对激发乡村人居建设内生动力问题进行理论研究：基于科斯的社会成本理论视角对激发内生动力问题的本质进行解读，认为激发内生动力的阻力在于人与人之间合作的成本，进而推演出能够控制合作的缔约成本与履约成本的四大机制——聚点机制、信息交换机制、信任机制、监督惩罚机制。（3）对我国乡村人居建设内生动力进行历史演变研究：分5个历史阶段，对制度变革影响下我国乡村人居建设活动中内生动力演变的历史脉络进行了梳理，并结合明星村的成功经验，分析了进入乡村振兴时期以来农村重大制度变革对激发内生动力的积极影响。（4）围绕政府治理路径展开个案研究：探讨了在人居环境整治的常规机制之下喜村村民的行为逻辑，以及在财政下乡制度创新之下激发柏村村民持续合作的制度逻辑。（5）围绕市场治理路径展开个案研究：以莲村为例，探讨了在以政府和市场主体为主导的"三变"改革利益联结机制之下多元主体的行为逻辑；以石村为例，探讨了在村民自建优先的利益联结机制之下促成多元主体持续合作的制度逻辑。

研究发现，从新制度经济学的社会成本理论视角来看，无论是政府治理还是市场治理，激发内生动力的关键在于通过聚点机制、信息交换机制、信任机制、监督惩罚机制控制乡村人居建设参与主体之间合作的交易成本。政府治理路径下的乡村人居建设，激发内生动力的制度逻辑在于村庄权力变迁引发了合作；市场治理路径下的乡村建设，激发内生动力的制度逻辑在于村庄利益变迁引发了合作，并且社会关系在维持村庄社会合作中发挥了广泛的作用。另外，促成合作的四大机制的形成，受到村庄内外部因素、制度与非制度因素的共同影响，其中，外部正式制度、乡土社会非正式制度、乡村精英是三个最主要因素。

本书是作者博士研究生阶段的科研成果，真诚感谢重庆大学胡纹教授的指导与鼓励；感谢每一位评阅过本书并给出宝贵意见的专家；感谢家人的理解和支持，是家人的负重前行，才让作者能够无所顾虑地追逐人生理想；在漫长而艰辛的田野调查过程中，本书得到了许多部门的支持与帮助，在此一并致谢。本书得以成功出版离不开重庆市教育委员会人文社会科学研究项目（23SKGH318）和重庆文理学院塔基计划引进人才项目（R2023MS16）的资助。

谨以此书献给我的母亲钟玉英女士，并告慰我已故的外公和父亲！

目 录

第 1 章 绪 论 ······ 001

1.1 研究缘起 ······ 002

1.1.1 乡村人居建设是构建经济内循环的重要引擎 ······ 002

1.1.2 研究内生动力问题有助于持续推进乡村人居建设与乡村振兴 ······ 005

1.1.3 新制度经济学对于乡村人居建设内生动力问题具有解释力 ······ 007

1.2 研究问题与范畴 ······ 009

1.2.1 问题提出 ······ 009

1.2.2 研究范畴 ······ 009

1.3 研究目的与意义 ······ 009

1.3.1 研究目的 ······ 009

1.3.2 研究意义 ······ 010

1.4 研究内容与方法 ······ 011

1.4.1 研究内容 ······ 011

1.4.2 研究方法 ······ 014

第 2 章 乡村人居建设内生动力的理论基础构建 ······ 017

2.1 相关概念的研究与界定 ······ 018

2.1.1 农村、乡村与村庄 ······ 018

2.1.2 乡村建设与乡村人居建设 ······ 018

2.1.3 乡村人居建设参与主体 ······ 019

2.1.4 交易、乡村人居建设之中的交易以及交易成本 ······ 021

2.1.5 制度、制度变迁、制度变革与制度创新 ······ 022

2.2 研究问题的理论解释 ······ 024

2.2.1 乡村人居建设：一种村庄公共品供给活动 ······ 024

2.2.2 内生动力：一种基于村民合作的村庄集体行动力 ······ 026

2.3 相关研究综述 …… 029

2.3.1 新制度经济学视角关于合作的理论综述 …… 029

2.3.2 村庄公共品供给中的合作问题研究 …… 033

2.4 小结 …… 042

第 3 章 激发乡村人居建设内生动力的理论研究 …… 043

3.1 制度对合作的影响机制 …… 044

3.1.1 科斯的社会成本理论——理解合作问题的本质 …… 044

3.1.2 制度创造合作条件：聚点机制、信息交换机制 …… 045

3.1.3 制度控制合作成本：信任机制、监督惩罚机制 …… 046

3.2 促成合作的影响因素 …… 049

3.2.1 制度因素 …… 049

3.2.2 非制度因素 …… 053

3.3 多路径并举的研究结构 …… 054

3.3.1 多中心的公共物品治理结构 …… 054

3.3.2 乡村人居环境的政府治理 …… 055

3.3.3 乡村人居环境的市场治理 …… 056

3.3.4 乡村人居环境的自主治理 …… 057

3.4 乡村人居建设内生动力制度逻辑的分析框架 …… 058

第 4 章 制度变革下我国乡村人居建设内生动力的历史演变 …… 061

4.1 乡村人居建设内生动力的历史演变 …… 062

4.1.1 传统农业时期内生动力长期续存 …… 062

4.1.2 集体化时期高度组织化的内在动力 …… 064

4.1.3 改革开放初期内生动力全面激活 …… 067

4.1.4 全面市场化时期内生动力逐渐衰落 …… 070

4.1.5 反哺“三农”时期内生动力持续消散 …… 072

4.2 乡村振兴时期制度变革影响下的明星村内生动力研究 …… 076

4.2.1 乡村振兴时期有利于激发内生动力的制度变革 …… 076

4.2.2 借助制度变革激发内生动力的明星村案例研究 …… 079

4.3 小结 …… 088

4.3.1 宏观制度变革与乡村人居建设内生动力的演变脉络 …… 088

4.3.2 明星村激发内生动力的影响因素及其特殊性 …… 088

第 5 章 乡村人居建设内生动力个案研究的思路与方法 …… 091

5.1 个案研究探讨的多层次问题 …… 092

5.1.1 普通村庄激发内生动力何以可能？ …… 092

5.1.2 政府、市场治理结构下激发内生动力何以可能？ …… 092

5.1.3 激发内生动力的内在制度逻辑是什么？ …… 092

5.1.4 合作比不合作能带来更多社会产品吗？ …… 093

5.2 个案研究的背景 …… 093

5.2.1 广泛调研与案例筛选 …… 093

5.2.2 村庄调查的方式以及资料来源 …… 095

5.2.3 个案的地域背景 …… 095

5.3 个案研究的技术路线 …… 097

5.3.1 区分政府与市场治理展开激发乡村人居建设内生动力的个案研究 …… 097

5.3.2 分析乡村人居建设在不同制度之下的实际运行情况 …… 098

5.3.3 分析乡村人居建设运行情况背后的制度逻辑 …… 098

5.3.4 通过案例比较总结激发内生动力的绩效和普遍原则 …… 099

5.4 小结 …… 099

第 6 章 政府治理之下的内生动力研究：喜村、柏村的人居环境整治 …… 101

6.1 喜村常规治理机制之下的村民行为与建设情况 …… 102

6.1.1 乡村人居环境整治的常规机制 …… 102

6.1.2 常规机制之下村民的行为 …… 104

6.1.3 喜村人居环境整治的成效与困境 …… 105

6.2 喜村村民不合作行为的制度逻辑分析 …… 108

6.2.1 常规机制下基层政府与村民之间的合约 …… 108

6.2.2 地方政府与村民之间的合作成本 …… 109

6.2.3 喜村合作成本控制机制的缺陷 …… 110

6.3 柏村政府治理机制创新之下的村民行为与建设情况 …… 111
6.3.1 打破常规的政府治理机制创新 …… 112
6.3.2 机制创新之下村民与村干部的行为 …… 113
6.3.3 柏村人居环境整治的成效与局限 …… 115
6.4 柏村内生动力的制度逻辑分析 …… 118
6.4.1 机制创新带来的合约关系变化 …… 118
6.4.2 村民之间合作的交易成本 …… 119
6.4.3 柏村控制合作成本的四大机制 …… 121
6.5 案例的比较与小结 …… 125
6.5.1 人居环境整治中激发内生动力的绩效 …… 125
6.5.2 柏村激发内生动力的四大机制特征及影响因素总结 …… 127

第 7 章 市场治理之下的内生动力研究：莲村、石村的空间资源开发 …… 129
7.1 莲村“三变”改革的主体行为与建设情况 …… 130
7.1.1 政府与资本主导的“三变”改革利益联结机制 …… 130
7.1.2 村民、市场主体与地方政府的行为 …… 134
7.1.3 莲村的空间资源开发成效与困境 …… 137
7.2 莲村村民与市场主体之间不合作的制度逻辑分析 …… 142
7.2.1 “三变”改革的制度创新逻辑与合约分析 …… 142
7.2.2 村民与市场主体之间的合作成本 …… 143
7.2.3 莲村村民之间、村民与市场主体之间合作失败的原因分析 …… 145
7.3 石村“三变”改革的主体行为与建设情况 …… 146
7.3.1 以村民为主导的“三变”改革利益联结机制 …… 147
7.3.2 村民、市场主体与地方政府的行为 …… 149
7.3.3 石村的空间资源开发成效 …… 151
7.4 石村内生动力的制度逻辑分析 …… 152
7.4.1 村民自建优先的“三变”改革合约分析 …… 152
7.4.2 村民之间、村民与市场主体之间合作的成本 …… 153
7.4.3 促成村民之间、村民与市场主体之间合作的四大机制 …… 154
7.5 案例的比较与小结 …… 156

7.5.1 空间资源开发中激发内生动力的绩效 …… 156
7.5.2 石村激发内生动力的四大机制特征与影响因素总结 …… 156

第8章 结 论 …… 159

8.1 激发乡村人居建设内生动力的制度逻辑 …… 160
8.1.1 激发乡村人居建设内生动力的关键在于控制合作的交易成本 …… 160
8.1.2 政府治理之下激发内生动力的逻辑：权力变迁引发合作 …… 161
8.1.3 市场治理之下激发内生动力的逻辑：利益变迁引发合作 …… 162
8.1.4 乡村社会内部规范在维持合作中发挥了广泛作用 …… 163

8.2 本书的创新点 …… 164
8.2.1 从新制度经济学的集体行动理论出发阐明了乡村人居建设内生动力的内涵 …… 164
8.2.2 围绕交易成本理论构建了乡村人居建设内生动力制度逻辑的分析框架 …… 164
8.2.3 提出了控制多元主体合作交易成本、激发乡村人居建设内生动力的四大机制 …… 165
8.2.4 揭示了在政府治理和市场治理路径下乡村人居建设参与主体的行为特征 …… 165

8.3 反思与启示 …… 166
8.3.1 对乡村人居建设的反思与启示 …… 166
8.3.2 对村庄规划的反思与启示 …… 166

参考文献 …… 168

第1章

绪　论

1.1 研究缘起

1.1.1 乡村人居建设是构建经济内循环的重要引擎

1. 乡村人居建设对于应对危机的重要性

中华人民共和国成立以来，我国曾经历数次重大经济危机，无一例外地借助乡村的稳定性与包容性而实现了危机的软着陆（温铁军 等，2016a）。只要乡村仍然是农民回得去的乡村，就能发挥国家经济社会发展稳定器和蓄水池的积极作用。在2020年之前，我国就已经面临着“结构性失衡”与“周期性经济下行”叠加全球经济增长动力结构“三重转换”的国内国际形势。“使得中国继续围绕发达国家市场需求扩大出口、带动国内经济走出低谷的可能性空间收窄，要求更多地通过供给侧结构性改革提升潜在产出增长率，释放持久的内需增长潜力”（林毅夫 等，2018）。当前，外部环境变得更复杂。中国面临着与国际资本以及原有全球产业布局被动“脱钩”，中国必须在这个过程中，加快实现供给侧结构性改革，重构国际区域产业格局，以避免全球化危机叠加内源性发展困境派生出的诸多社会、经济问题。中国只有尽快实现“去依附”，才能转危为机（温铁军 等，2020）。

2020年5月14日召开的中共中央政治局常委会会议首次提出构建以国内大循环为主体、国内国际“双循环”相互促进的新发展格局。在构建国内循环方面，其要义是一方面扩大国内有效需求；另一方面加快供给侧结构性改革，提高供给质量，为居民消费升级创造条件。并且，构建国内循环有两大抓手：一是继续推进新型城镇化，围绕农民进城就业安家的需求，以及城镇居民对于生活环境与品质的更高要求，补齐城镇建设短板，加强“新基建”，推进城镇产业革命，释放更大内需；二是全面推进乡村振兴战略，实施乡村建设行动，通过补齐乡村人居建设短板，拉动农村投资，增加农民的财产性收益，提高农民的消费水平，同时也更好地满足城市居民日益增长的下乡消费的需求。其中，乡村人居建设未来很有可能会超过城镇建设成为经济内循环的重要引擎。原因有以下几个方面：①近年来我国城镇化速度放缓，城镇体系中的县城已逐渐成为承载农业人口转移的战略空间，大中城市建设所带来的投资拉动效应与经济红利已接近“天花板”；②我国城乡之间建设水平的差距仍然较大，相对而言，乡村人居建设的短板更加显著，通过乡村人居建设拉动投资的空间更大；③近几十年来我国城镇化的超快速发展，也导致了城市环境恶化和食品安全问题，近年来出现城市中产市民下乡进行乡村建设的热潮，这将有助于进一步带动乡村的投资与消费；④从2003年开始推行“农业新政”以来，国家财政不断加大对乡村基本建设的资金投入，截至2019年基本实现了99%的乡村通路、100%的农户通电、98%的建制村通网（温铁军 等，2020），乡村已成为一个吸纳全社会固定资产投资的资本池，绿水青山已初步具备了资本增值的条件。

2. 我国乡村人居建设面临着城乡有别、地区有别的困境

当前，我国社会的主要矛盾已经转化为人民日益增长的美好生活需要和不平衡不充分发展之间的矛盾，而这种不平衡、不充分的发展状况在乡村人居建设方面表现得特别突出。

一是我国城市与乡村之间的建设水平差异很大。基础设施建设方面，我国乡村虽然基本实现了“五通”，但其建设质量与使用的便利度仍然与城市有显著差距。例如，我国乡村道路的建设方面，仍然有少数贫困地区、偏远地区乡村未通硬化路，即使通了硬化路的村庄内部仍有很大一部分比例道路还是泥土路，我国村庄内硬化道路仅占村庄道路总长度的41.68%；乡村人畜饮水环境得到较大改善，但全国尚有28.05%的建制村未实现集中供水，自来水并未完全普及；乡村燃气的普及率仅为27%[①]；我国乡村电网设备陈旧落后，农村居民用电的平均电价高于城镇；我国乡村网民上网地点与城镇存在较大差异，乡村公共场所上网比例与城镇差距大；乡村流通设施严重滞后于城镇，普遍缺乏超市，农贸市场和批发市场仓储场所缺乏并且销售环境简陋。并且，我国仍有很大一部分乡村的基本环境卫生问题得不到解决。从2017年的统计数据来看[②]，我国对生活污水进行处理排放的建制村仅占全国建制村总数（52.62万个）的20%，特别是西部地区建制村污水处理率仅为13.56%；我国乡村生活垃圾处理率为63.28%，据估计当年仍有8794.74万吨的乡村生活垃圾处于随意堆放的状态；我国乡村卫生厕所的普及率由2000年的44.8%提升到2016年的80.3%[③]，但我国中西部地区卫生厕所普及率仍然很低。

二是不同地区的乡村之间的建设水平差距在拉大。从2017年各省份常住人口城镇化率与该地区村庄基础设施建设情况的数据对比来看，上海市城镇化率高达87.7%[④]，上海市域范围内的村庄集中供水的建制村比例高达98.7%，燃气普及率高达

---

① 资料来源：中华人民共和国住房和城乡建设部，2018. 中国城乡建设统计年鉴（2017）[M]. 北京：中国统计出版社 .

② 资料来源：国家统计局，2018. 中国统计年鉴（2017）[M]. 北京：中国统计出版社 .

③ 资料来源：新华社小厕所连着大民生——中国用厕所革命写好社会治理“大处方”[EB/OL].（2017-12-03）[2020-05-30]. https：//www.gov.cn/xinwen/2017-12/03/content_5244205.htm.

④ 资料来源：中华人民共和国住房和城乡建设部，2018. 中国城乡建设统计年鉴（2017）[M]. 北京：中国统计出版社 .

68.6%[①]；而位于西部地区的四川省，人口城镇化率为50.8%[②]，四川省村庄集中供水的建制村比例为54.98%，村庄燃气普及率为17.74%[③]。总体来看，除了在村庄集中供水方面，西北地区的严重缺水省份比例普遍较高，与其城镇化率水平并未呈现关联关系以外，不同地区的村庄在村庄道路长度以及硬化道路长度、集中供热设施普及率、燃气普及率等方面均与其所在地区的常住人口城镇化率呈现出正相关的关系，如图 1.1 所示。基本可以得出如下结论：我国乡村人居建设水平与其所在地区的城镇化水平成正比。

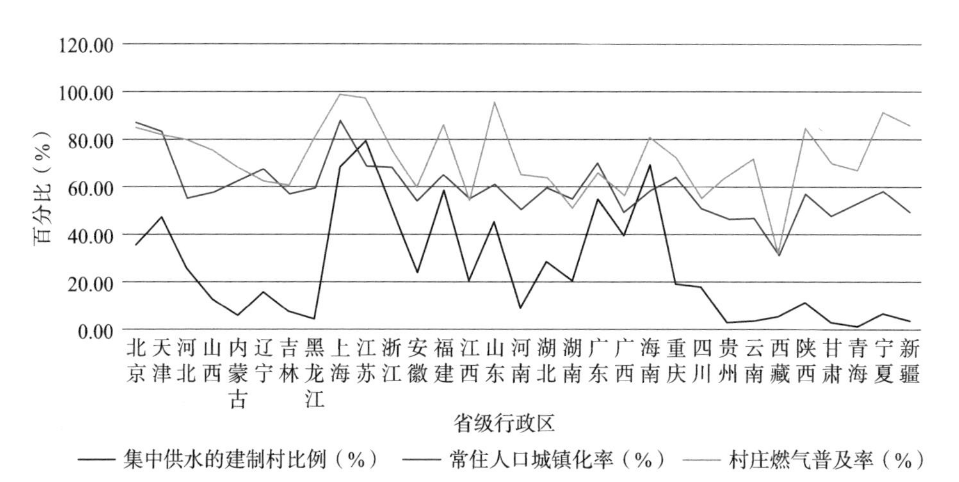

图 1.1 2017 年各省市城镇化率与村庄供水、燃气设施建设情况比较（未统计港澳台地区数据，余同）

比如东部沿海发达地区省份的城镇化率普遍较高，该地区的村庄已经与中西部大多数的普通村庄处在不同的发展阶段上。前者所在地区的各级财政项目资金相对充足、集体经济发展基础好、村民的收入水平高，这些村庄的基本建设、维护、项目运营完全可以由地方政府财政资金和村集体收入来维持，还能雇用专业的公司来运营管理，所以基本建设问题并非主要矛盾，东部沿海发达地区村庄建设所面临的主要问题是如何通过乡村人居建设进一步实现“三个融合”，即“三产”融合、“三生”融合、城乡融合。而我国中西部地区的大多数村庄没有充足的财政资金投入、没有优势发展条件、没有稳定的集体经济收入来源，维持村庄基本生产生活秩序所需的基础性环境设施问题尚未得到解决（贺雪峰，2017）。

---

① 资料来源：国家统计局住户调查司，2020. 中国住户调查主要数据（2019）[M]. 北京：中国统计出版社 .

② 资料来源：中华人民共和国住房和城乡建设部，2018. 中国城乡建设统计年鉴（2017）[M]. 北京：中国统计出版社 .

③ 资料来源：国家统计局住户调查司，2020. 中国住户调查主要数据（2019）[M]. 北京：中国统计出版社 .

3. “十四五”规划纲要提出实施乡村建设行动

“十四五”规划纲要指出全面推进乡村振兴战略的过程中，要实施乡村建设行动，要“把乡村建设摆在社会主义现代化建设的重要位置，优化生产生活生态空间，持续改善村容村貌和人居环境，建设美丽宜居乡村”[①]。具体要求包括：强化乡村建设的规划引领，提升乡村基础设施和公共服务水平，改善乡村人居环境等。全面推进乡村振兴战略和实施乡村建设行动有助于补齐乡村人居建设的短板弱项、缓解不平衡不充分的发展之间的矛盾，有助于我国构建更加完备的经济“内循环”体系并完成经济发展的“去依附”转型，从而实现“在危机中育新机，于变局中开新局”[②]。

1.1.2 研究内生动力问题有助于持续推进乡村人居建设与乡村振兴

1. 外部力量推动的乡村人居建设成效与局限

自2003年我国实施工业反哺农业、城市反哺农村的农业新政以来，我国政府推动了新农村建设、美丽乡村建设、特色小镇建设等一系列乡村人居建设运动，同时也迎来了社会资本下乡的热潮。外部力量推动下的乡村人居建设在改善乡村基础设施和人居环境方面成效显著。国家在乡村的基本建设投入，使得城市消费者有了下乡消费的可能，乡村资源有了价值化和资本化的途径，农民手里的资源性资产具有了增值的空间。

但是，外力推动的乡村人居建设也存在一定的局限。第一，财政资金无法实现均衡投入。我国不同省市的地方财政收支状况有着很大的差别，相应地，各省市对乡村人居建设的财政投入水平也存在着较大的差异；即使是在同一个地区，财政资金也不可能实现均衡投入，越是财政资金紧张的地区，越难实现均等化。第二，资本下乡为乡村人居建设注入动力的同时也带来了一些新问题。①社会资本的逐利性加剧了地区差别。社会资本始终无法摆脱以盈利为目的的基本属性，空间是资本增值的手段，社会资本对乡村空间占有、利用、交换和消费过程的本质是创造剩余价值的过程，社会资本介入的往往是具备资源资本化开发条件并且能够为其带来增值收益的地区和项目。社会资本介入乡村人居建设，能够让有发展条件的村庄锦上添花，但并不能起到补短板的作用。②资本下乡的多元目标并不总与乡村振兴一致

---

① 中华人民共和国国民经济和社会发展第十四个五年规划和2035年远景目标纲要[EB/OL].（2021-03-13）[2021-05-15]. http://www.gov.cn/xinwen/2021-03/13/content_5592681.htm.

② 新华社评论员：在危机中育新机，于变局中开新局[EB/OL].（2020-05-24）[2020-06-25]. https://www.gov.cn/xinwen/2020-05/24/content_5514534.htm.

（王勇 等，2019）。已有研究表明，一方面，地方政府和资本的联盟有助于地方政府申请更多项目资金；另一方面，地方政府将大部分资金投入社会资本扩大再生产的有限领域（焦长权 等，2016），真正用于改善民生、改善村庄环境与设施的资金少之又少，另有一些企业只是为了“下乡圈地”和获取政府补贴，并未将资金用于扩大再生产。③资本下乡可能引发乡村人居建设性质变化以及村庄异化。社会资本力量牵引之下的乡村建设不再为乡村的人而建，服务对象变成了地方政府、社会资本、下乡市民、游客，乡村人居建设的目标变成了打造形象工程、实现资本增值、营造乡愁情怀、满足消费需求，不利于乡村可持续发展。

2. 激发内生动力是我国进行贫困治理和实现共同富裕的一项重要策略

自2016年以来，我国每年的中央一号文件均提出了激发内生动力的要求，并将农民的主体性作为乡村振兴战略的基本原则之一。在2021年6月1日实施的《中华人民共和国乡村振兴促进法》当中，已将“坚持农民主体地位，充分尊重农民意愿，保障农民民主权利和其他合法权益，调动农民的积极性、主动性、创造性，维护农民根本利益”作为乡村振兴战略的五条法定原则之一。激发内生动力，是我国现阶段深化农村改革的重要目标，也是我国进行贫困治理和实现共同富裕的一项重要策略；如何有效激发内生动力并落实农民的主体性，已成为乡村全面振兴的一项关键问题。

3. 对内生动力问题缺乏系统性理论研究

然而，目前学界尚未有针对内生动力问题的理论解释。内生动力究竟是一种怎样的力量？这种力量能发挥怎样的作用？这种力量如何才能被激发出来？这些问题我们无法从既有研究当中获得答案。与内生动力关联度最大的关键词是“内生式发展”，内生式发展最早于1975年由瑞典达格·哈马舍尔德（Dag Hammarskjüld）财团在联合国发表关于“未来世界”的报告中正式提出（张环宙 等，2007），范德普洛格等（J. D. Van Der Ploeg）认为区域内生发展是一个本地社会动员过程，通过建立将各种利益团体集合起来的组织结构，构建符合本地意愿的战略规划过程及资源分配机制，最终实现本地在技能和资格方面能力的提高（Van Der Ploeg et al，1994）。也就是说，内生式发展是一种基于地方内生动力推进的乡村多元化建设。内生式发展的相关研究描述了大量与乡村社会动员有关的案例实践经验，如欧盟的乡村地区发展联合行动（LEADER）项目、日本的“一村一品”运动、我国台湾地区的“农村再生计划”（张奡，2019）等。可是与内生式发展相关的研究缺乏理论体系的构建，内生式发展与其说是一种理论不如说是一种理念，尚不具备对于内生动力这一关键问题的理论解释力，我们还是无法从理论层面探明内生动力究竟从何而来。因此，用内生式发展理念来解释内生动力问题是缺乏说服力的。

1.1.3 新制度经济学对于乡村人居建设内生动力问题具有解释力

1. 制度创新是激发内生动力的一种重要途径

中国发展的经验表明“改革是最大的红利”，我国具有通过制度创新激发乡村内生动力的成功经验，其中最典型、影响最大的当属改革开放初期的基层农村“包产到户”的制度创新，包产到户作为一个“增加的产量归农民”的合约（周其仁，2017a），刺激了农民进行农业生产的积极性。之后包产到户在全国推行，家庭联产承包责任制成为我国农村的基本经济制度，这使得村民与村集体具有了对农村集体资源的支配权，激发了村民和村集体发展乡村工业的积极性，乡镇企业逐渐成为我国出口创汇的重要力量，中国制造开始走向世界市场。

2021年中央一号文件《中共中央 国务院关于全面推进乡村振兴加快农业农村现代化的意见》中指出要“深入推进农村改革。完善农村产权制度和要素市场化配置机制，充分激发农村发展内生动力”，主要内容包括有序开展第二轮土地承包到期后再延长30年试点，积极探索实施农村集体经营性建设用地入市制度，探索宅基地所有权、资格权、使用权分置有效实现形式，基本完成农村集体产权制度改革阶段性任务等。可见，制度创新是激发乡村内生动力的一种重要途径。

2. 新制度经济学理论对于中国改革与乡村人居建设实践具有解释力

周其仁（2017b）认为，新制度经济学对于中国改革的经验具有非凡的解释力，其运用科斯（Ronald H. Coase）提出的产权理论和交易成本理论解释了中国实行“包产到户”以来的改革经验，认为邓小平的改革之道就是“坚持产权界定并寸步不移”，他提出“正是改革开放大幅度降低了中国经济运行的制度成本，才使得这个有着悠久历史的发展中国家有机会成为全球增长最快的经济体”。这些理论逻辑对于我国农村近年来的一系列产权改革也具有解释力。比如孔祥智（2020）运用新制度经济学的产权理论，解释了在“三变”改革制度框架之下的农村集体产权制度改革对于农村集体经济的激励机制。

并且，自上而下的制度变革与自下而上的制度创新，会影响乡村人居建设参与主体的博弈格局以及乡村人居建设的目标、方式和结果。近年来，城乡规划领域的学者们也开始尝试运用新制度经济学理论对乡村空间资源配置和乡村人居建设模式进行研究。比如，唐伟成等人（2019）运用诱致性制度变迁理论，分析了经济要素如何在乡村人居建设中实现优化配置；刘玮等人（2015）运用新制度经济学的自组织理论分析了在灾后重建过程中，乡村人居建设模式转变的制度逻辑。

3. 新制度经济学理论对于内生动力问题具有解释力

内生动力问题归根结底主要是关于乡村内部主体行为的研究。在现实世界中，个体行为背后都有其决策的经济逻辑，想要阐明内生动力如何产生，就必须首先研究和把握相关主体的决策逻辑；想要激发内生动力，就需要提出符合真实世界经济社会运行规律的策略。而新制度经济学为我们提供了一套分析主体行为决策逻辑以及了解真实世界经济社会运行规律的理论研究方法。

"新制度经济学"（New Institutional Economics）这个概念是由威廉姆森（Oliver Williamson）最先提出来的。新制度经济学是应用现代微观经济学分析方法去研究制度、制度体系和制度变迁的产物，其本质上是关于制度是如何影响人的行为的研究。以科斯为代表的产权理论和企业理论、以威廉姆森为代表的交易成本理论和契约理论、以诺斯（Douglass C. North）为代表的制度变迁理论、以奥尔森（Mancur Olson）为代表的集体行动理论、以奥斯特罗姆（Elinor Ostrom）为代表的公共池塘资源理论极大丰富了新制度经济学的理论体系，使得新制度经济学对微观经济现象具有了极强的解释力。新制度经济学是真实世界的经济学，这种真实源于其对新古典经济学的人类行为假设的修正，新古典经济学假定人的行为是完全理性的，而新制度经济学认为人的行为是有限理性的、非财富约束最大化的并且具有机会主义行为倾向的。基于这一行为假设的修正，科斯发现了一个交易成本为正的"真实世界"：由于人的有限理性是一个无法回避的事实，人们应该正视在经济活动中为此所必须付出的各种成本。交易成本是经济制度运行的费用，正因为交易成本的存在，不同的制度安排之下经济活动的绩效是不同的。一种好的制度，应该具有降低交易成本的内在动力。新制度经济学以产权理论和交易成本为核心的理论体系，能够解释有限理性的个体在特定的制度安排之下进行行为决策的逻辑并阐明内生动力的形成机制。

我国的乡村社会由于存在内部化制度（温铁军，2011），新制度经济学关于有限理性经济人的假设并不完全适用于中国乡村社会，需要将生成于西方社会的理论进行本土化改造而非完全照搬（张庭伟，2023）。生活在中国乡村中的村民，其行为会受到扎根于地缘和血缘关系的社会内部化制度以及外部制度规则的共同影响，村民的行为是一种兼顾了内部化制度和外部规则的理性选择的结果，这是本书的基本理论假设。

1.2 研究问题与范畴

1.2.1 问题提出

正如前文所述，外部力量推动下的乡村人居建设能够在短时间内取得显著成效，但也带来了乡村可持续发展动力不足的问题，加剧了地区之间乡村发展和建设的不平衡，难以实现全面的乡村振兴。本书将围绕乡村人居建设活动中的内生动力问题展开多层次研究：①从新制度经济学理论视角出发，构建内生动力的理论基础，解答内生动力是什么；②运用历史和文献研究的方法，讨论制度变迁是如何影响我国乡村人居建设内生动力发展与演变的；③通过改革与建设中的若干真实个案研究，探讨在当前以政府治理和市场治理为主导的乡村人居建设当中，如何激发内生动力并形成多元主体共同参与的多中心治理格局。

1.2.2 研究范畴

本书的研究范畴区分了两个层次：①在理论研究和历史研究部分，本书的研究范畴是我国广泛意义上的乡村地区，该部分的讨论源于笔者对长三角、珠三角、中西部地区数十个普通村、明星村进行了走访调查之后所得出的整体性认知和判断；②在个案研究部分，本书出于研究可操作性的考虑，将研究范畴缩小到成渝地区，以成渝地区 4 个正在经历改革与建设的村庄为研究对象，探讨激发内生动力的内在制度逻辑。

1.3 研究目的与意义

1.3.1 研究目的

本书希望实现以下目的：①基于新制度经济学理论构建内生动力的理论基础，阐明内生动力是什么；②通过历史文献研究梳理我国历史上乡村人居建设内生动力发展和演变的脉络；③通过微观个案研究，洞察乡村人居建设活动中内生动力的生成机制。

1.3.2 研究意义

1. 将新制度经济学理论引入乡村规划与建设问题研究的意义

“十四五”规划纲要指出全面推进乡村振兴战略要“强化乡村建设的规划引领”。正如张尚武所言，“多规合一的实用性村庄规划的关键在于实施和行动，需要加强对乡村发展动态性的认识和常态化的规划运行机制建设”（张京祥 等，2020）。这意味着，在全面推进乡村振兴的背景下，村庄规划师的工作任务要从规划编制扩展到实施运行，从空间设计扩展到空间治理；我们需要转变对乡村的认知方式，从一种对乡村结构性的认知方式转变为对村庄真实社会场景的细致观察，从而发现并理解乡村规划在现实场景中实施和运行的本质规律。

新制度经济学本质上是关于制度是如何影响人行为的研究，这里的制度包括正式制度和非正式制度等社会规范，因此，制度经济学的微观研究是嵌入村庄所处的经济、社会环境的，新制度经济学是一种让我们能够从实例的研究中得出对真实世界理解的重要工具。将新制度经济学引入乡村人居建设的微观案例研究，有助于我们了解乡村人居建设的制度经济背景；有助于我们理解乡村人居建设真实场景中人与人之间的相互博弈格局；有助于我们把握乡村人居建设不同参与主体的行为逻辑，并分析由于建设主体的有限理性和机会主义倾向带来的外部性问题。

2. 对于激发乡村人居建设内生动力的研究有助于补齐农业农村短板

当前，我国农村人口日益增长的对现代生产生活空间环境和配套设施的需求，有很大一部分仍然需要通过村庄公共品供给来实现。然而，我国大多数乡村地区依然面临着公共品供给不足的困境。而乡村人居建设本身就是一项为村庄提供公共品的重要活动，对于在乡村人居建设中激发内生动力的研究，特别是针对中西部欠发达地区的研究，有助于在进一步开展农村人居环境整治提升行动的过程中补齐农业农村短板弱项，为留守农民以及返乡农民维持基本生产生活秩序，并提供基本的生产生活条件。

3. 对于村庄社会合作问题的研究有助于改善乡村社会治理

村庄公共品的供给问题本质上属于乡村社会的治理问题，而激发内生动力的问题本质上是促成村庄社会合作的问题。有研究表明，中国当代乡村社会的不合作问题是与留守儿童、留守老人、大规模的社会劳动力的区域转移同时出现的（时磊 等，2008）：由于缺乏社会合作，中西部地区村庄难以实现内部资本积累和集体经济的发展，农业剩余劳动力大量外流以获得更高的收入；在人口外流的情况下，村庄内的社会合作更困难，使得留守儿童、留守老人难以得到足够的社会关怀与帮助，形成一系列独特的社会问题，村庄社会合作的缺失是导致社会治理问题的主要原因。因此，对乡村人居建设中合作问题的研究，有助于解决乡村社会的一些结构性问题，并改善乡村社会治理状况。

4. 对于政府和市场治理下激发内生动力的研究有助于全面推进乡村振兴

本书对于政府和市场治理路径下激发乡村人居建设内生动力问题的研究，有助于我们反思在外部主体主导之下的乡村规划与建设存在的问题，让乡村人居建设回归村民对村庄公共品的真实需求，而不是照搬城市模式、脱离乡村实际、破坏乡村风貌和自然生态的政府工程或者资本投机运作；有助于我们在城乡融合的大趋势下，调动一切力量，形成以村民为主体的多中心治理结构，共同推进乡村全面振兴。

总而言之，本书既探讨了补齐农业农村短板的问题，也涉及乡村社会良性治理的问题，对于全面推进乡村振兴、实现共同富裕具有现实意义。

1.4 研究内容与方法

1.4.1 研究内容

本书围绕乡村人居建设活动中的内生动力问题展开多层次的研究，遵循“问题提出—理论基础构建—理论研究—宏观和中观层面经验研究—微观层面经验研究”的基本思路，如图1.2所示。

本书的第1章是绪论，介绍了研究缘起、研究问题与范畴、研究目的与意义、研究主要内容与方法。

第2章是基于新制度经济学的乡村人居建设内生动力学理论基础构建。①对相关重要概念进行了研究和界定；②运用新制度经济学理论对研究问题进行了解释，将乡村人居建设解读为一种村庄公共品供给活动，将内生动力解读为一种基于村民合作的村庄集体行动力，并阐释了内生动力的内涵、特征和阻力。

第3章是关于激发乡村人居建设内生动力的理论研究。①从科斯的社会成本理论视角出发对激发内生动力问题的本质进行解读，认为激发内生动力的阻力在于人与人之间合作的成本，进而推演出能够控制合作成本的四大机制——控制缔约成本

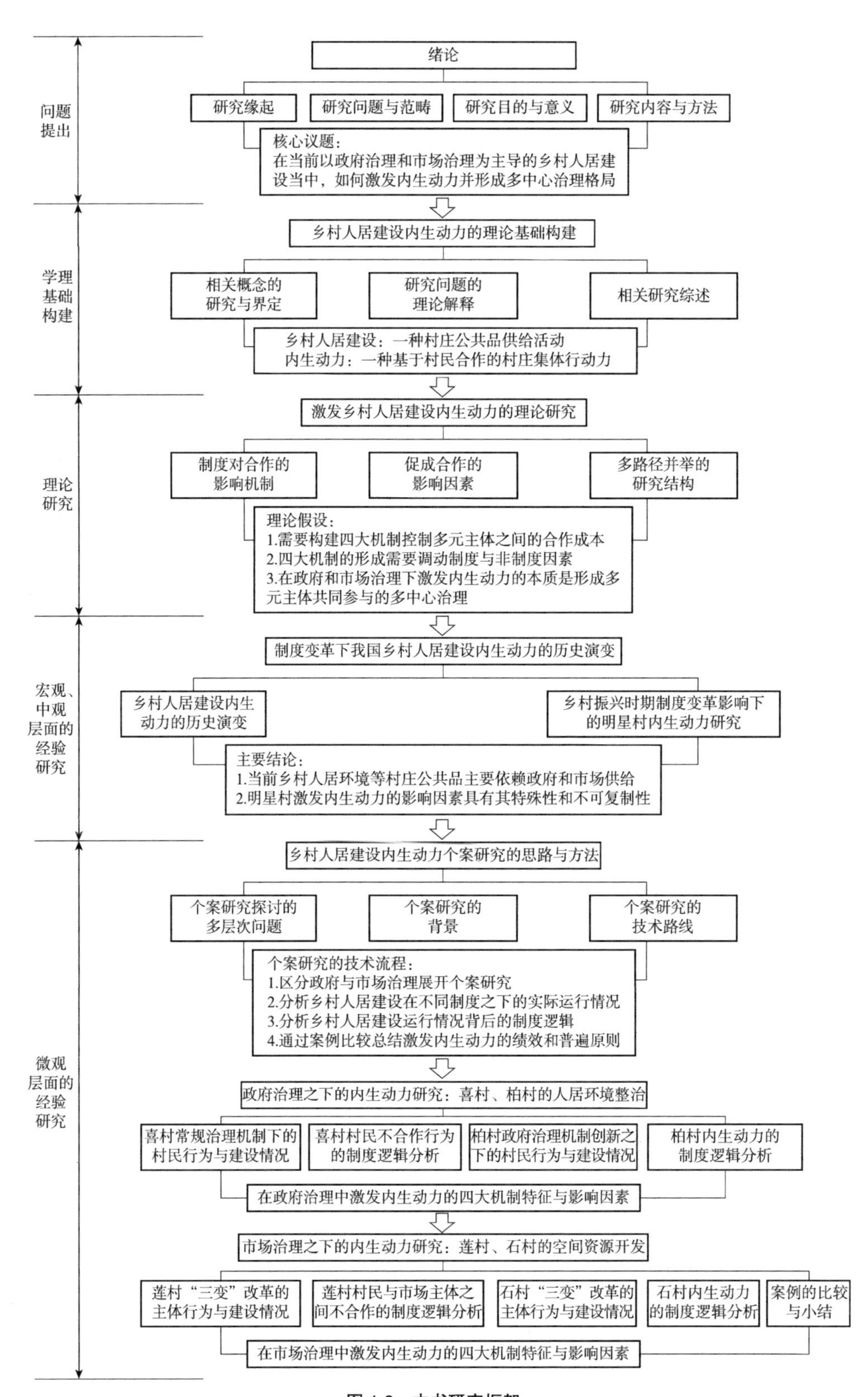
问题提出
学理基础构建
理论研究
宏观、中观层面的经验研究
微观层面的经验研究
绪论
研究缘起
研究问题与范畴
研究目的与意义
研究内容与方法
核心议题：
在当前以政府治理和市场治理为主导的乡村人居建设当中，如何激发内生动力并形成多中心治理格局
乡村人居建设内生动力的理论基础构建
相关概念的研究与界定
研究问题的理论解释
相关研究综述
乡村人居建设：一种村庄公共品供给活动
内生动力：一种基于村民合作的村庄集体行动力
激发乡村人居建设内生动力的理论研究
制度对合作的影响机制
促成合作的影响因素
多路径并举的研究结构
理论假设：
1.需要构建四大机制控制多元主体之间的合作成本
2.四大机制的形成需要调动制度与非制度因素
3.在政府和市场治理下激发内生动力的本质是形成多元主体共同参与的多中心治理
制度变革下我国乡村人居建设内生动力的历史演变
乡村人居建设内生动力的历史演变
乡村振兴时期制度变革影响下的明星村内生动力研究
主要结论：
1.当前乡村人居环境等村庄公共品主要依赖政府和市场供给
2.明星村激发内生动力的影响因素具有其特殊性和不可复制性
乡村人居建设内生动力个案研究的思路与方法
个案研究探讨的多层次问题
个案研究的背景
个案研究的技术路线
个案研究的技术流程：
1.区分政府与市场治理展开个案研究
2.分析乡村人居建设在不同制度之下的实际运行情况
3.分析乡村人居建设运行情况背后的制度逻辑
4.通过案例比较总结激发内生动力的绩效和普遍原则
政府治理之下的内生动力研究：喜村、柏村的人居环境整治
喜村常规治理机制下的村民行为与建设情况
喜村村民不合作行为的制度逻辑分析
柏村政府治理机制创新之下的村民行为与建设情况
柏村内生动力的制度逻辑分析
在政府治理中激发内生动力的四大机制特征与影响因素
市场治理之下的内生动力研究：莲村、石村的空间资源开发
莲村“三变”改革的主体行为与建设情况
莲村村民与市场主体之间不合作的制度逻辑分析
石村“三变”改革的主体行为与建设情况
石村内生动力的制度逻辑分析
案例的比较与小结
在市场治理中激发内生动力的四大机制特征与影响因素

图 1.2　本书研究框架

的聚点机制、信息交换机制，控制履约成本的信任机制、监督惩罚机制；②基于威廉姆森的“四层次”制度经济学分析框架，梳理了形成四大机制可能需要调动的制度与非制度因素；③基于奥斯特罗姆的多中心治理理论，提出围绕政府治理、市场治理、自主治理而展开的多路径并举的理论研究结构；最后，提出乡村人居建设内生动力制度逻辑的理论分析框架。

第 4 章是宏观和中观层面的经验研究。区分传统农业时期、集体化时期、改革开放初期、全面市场化时期、反哺“三农”时期这五个历史阶段，对制度变革影响下的我国乡村人居建设活动中的内生动力演变的历史脉络进行了梳理；结合明星村的成功经验，分析了进入乡村振兴时期以来农村集体产权制度改革、农村集体建设用地改革等重大制度变革对激发内生动力的积极影响。

第 5 章开始进入微观层面的经验研究环节，本章阐述了本书的个案研究思路与方法。明确了个案研究要探讨的多层次问题，交代了案例筛选的过程及原由、村庄调查的方式和资料来源等研究方案的设计思路，介绍了个案所处的成渝地区以及相关镇街的经济和地域背景，阐述了个案研究的技术路线。

第 6 章是围绕政府治理路径展开的个案研究。研究对象是重庆市 L 区的喜村和成都市 H 区的柏村，首先探讨了在人居环境整治的常规机制之下，喜村村民的行为特征及其不合作的制度逻辑；其次探讨了在财政下乡制度创新之下，柏村村民与村干部的行为特征及促成合作的制度逻辑；最后通过案例对比研究，分析了在人居环境整治中激发内生动力的绩效，总结了政府治理路径下激发内生动力的四大机制及相关影响因素。

第 7 章是围绕市场治理路径展开的个案研究。研究对象是同为重庆市 L 区“三变”改革首批重点村的莲村和石村，首先探讨了在以政府和市场主体为主导的“三变”改革利益联结机制之下，莲村空间资源开发活动的参与主体行为特征，以及村民之间、村民与市场主体之间不合作的制度逻辑；其次探讨了在村民自建优先的利益联结机制之下，石村空间资源开发活动的参与主体行为特征，以及促成村民合作、村民与市场主体合作的制度逻辑；最后通过案例对比研究，分析了在村庄空间资源开发活动中激发内生动力的绩效，总结了市场治理路径下激发内生动力的四大机制及相关影响因素。

第 8 章是本书的结论。该部分基于个案研究的情况进一步归纳了激发乡村人居建设内生动力的内在制度逻辑，总结了研究的创新点、不足与展望。在激发内生动力的制度逻辑方面，本书的研究结论是：激发乡村人居建设内生动力的关键在于控制乡村人居建设参与主体之间合作的交易成本；政府治理之下的柏村，激发乡村人居建设内生动力的制度逻辑在于村庄权力变迁引发了合作；市场治理之下的石村，激发乡村人居建设内生动力的制度逻辑在于村庄利益变迁引发了合作；并且乡土社会关系在维持村庄合作中发挥了广泛的作用；另外，促成合作的四大机制的形成，是村庄内外部因素、制度与非制度因素共同作用的结果，其中，外部正式制度、乡土社会非正式制度、乡村精英是三个最主要因素。

1.4.2 研究方法

为了避免复杂问题被简单化地解读，本书没有局限于某一种单一的研究方法，而是将复杂问题进行层层分解，对于不同层次的问题采用与之相适应的研究方法。

1. 文献研究方法

文献研究方法主要是指搜集、鉴别、整理文献，并通过对文献的研究形成对事实的科学认知的方法。本书运用文献研究的方法讨论了两个方面的问题：一是对相关理论和研究进行文献综述，从而构建内生动力的理论基础和理论分析框架；二是通过历史文献研究和相关年鉴的统计数据整理，分析我国不同历史阶段的制度变迁对乡村人居建设内生动力发展与演变的影响。

2. 实证研究方法

实证研究方法是在价值中立①的条件下，以对经验事实的观察为基础来建立和检验知识性命题的各种方法的总称，包括观察法、谈话法、个案法等。以案例研究为主的实证研究方法是本书核心的研究方法。

科斯（2014）认为，研究真实世界的经济学应当注重经验的研究和归纳，他所说的经验研究不是应用现代计量方法分析数据，而是包含更广泛的内容，如案例研究，历史和商业记录分析，合同实践的分析，真实市场、企业、产业和政府代理的分析等。尽管许多主流经济学家对案例研究并不看好，但案例研究能够为我们在制度分析中了解更丰富的细节提供宝贵方法，尤其是理论指导下严谨的案例研究，可以为我们提供有价值的洞见（卢现祥 等，2021），如科斯对美国联邦通信委员会的案例研究、威廉姆森对奥克兰有线电视的研究、诺斯与巴里·温格斯特（Barry

---

① 所谓价值中立是指研究者不可以用自己特定的价值标准和主观好恶来影响资料和结论的取舍，从而保证研究的客观性。

Weingast）对光荣革命的研究、奥斯特罗姆对公共财产的比较研究等。科斯（2014）认为，“应客观地研究某种活动在各种不同制度内的实际工作情况，从而去发现能指导我们如何组织和经营各种活动的普遍原则”。案例研究方法，非常适合我们研究乡村人居建设这种活动在不同制度之下的实际运行情况，分析不同建设主体的行为决策逻辑，并进一步归纳总结在乡村人居建设活动中激发内生动力的普遍原则。

本书的案例研究主要包括两大部分：①对激发内生动力的明星村案例的研究。笔者自2017年起走访了长三角、珠三角、中西部地区几十个村落，筛选了四川省成都市战旗村、青杠树村，贵州省六盘水市塘约村、舍烹村，湖北省郝堂村，陕西省袁家村等具有一定影响力和知名度的明星村案例进行了实地考察。②选择了成渝地区2组、总共4个正在经历改革和建设过程的村庄进行个案研究。2019年5月至2020年8月，笔者对4个村庄的改革和乡村人居建设过程进行了连续跟踪与观察，查阅相关文献资料，与包括地方政府官员、乡村精英、村干部、村民在内的相关人员进行了访谈，获得了较为全面的一手资料。试图通过个案研究，以尽可能翔实的一手或二手材料为依据，弄清楚事实的来龙去脉。

3. 比较研究方法

周其仁（1999）在其评论文章《研究真实世界的经济学》当中提到“超越实证的经济学”研究方法，其方法论可抽象为三个关键词组：“真实世界”“实例”“实例的一般化”。周其仁认为，仅有关于真实世界的实例研究还不够，还应该将实例的事实进行简化或者抽象，从而得到可以用于经济学研究的“够格”的实例。只有实现了“实例的一般化”，理论分析才能实现“更普遍的解释力”和“更广泛的学术对话能力”（李培林，2019）。

为了实现案例以及个案研究实例的一般化，一方面，本书对大量成功案例的经验进行高度概括以便能够归纳具有普遍性的内生动力影响因素；另一方面，本书在个案研究部分，通过设置对照组案例，运用对比研究的方法，洞察在相同或者相近的外部因素之下，村庄内部制度或者资源的微观差异所导致的建设主体行为决策差异以及乡村人居环境建设绩效差异，希望能够更加准确地归纳内生动力的生成机制和相关影响因素，从而为相关人员、机构提供参考。

第2章

乡村人居建设内生动力的理论基础构建

本章将对本书涉及的相关重要概念进行研究和界定，并从新制度经济学理论出发对研究问题进行理论解释，最后对于新制度经济学当中的合作理论以及村庄公共品供给中的合作问题进行文献综述。

2.1 相关概念的研究与界定

2.1.1 农村、乡村与村庄

“农村”是对应于城市的称谓，包括农业区、集镇和村落，农村以农业生产为主，包括各种农场、林场、园艺和蔬菜生产。农村是从事农业生产为主的劳动者聚居的地方。

在《辞源》一书中，“乡村”被解释为主要从事农业，人口分布较城市分散的地方（何九盈 等，2019）。根据乡村是否具有行政含义，可分为自然村和建制村。自然村是村落实体、建制村是行政实体，一个大自然村可设置几个建制村，一个建制村也可包含几个小自然村。

一般而言，人们往往将“乡村”和“农村”作为同义词来使用，都用于指代对应于城市地域范围的人类聚居地。但是，本书认为，“乡村”和“农村”实际上是从不同侧重点出发，对相同地域范围的不同称谓。“乡村”一词侧重于该地域范围的人口居住场所特征，而“农村”一词侧重于该地域范围居住的劳动者的从业特征。当研究该地域的居住场所属性时，使用“乡村”一词更准确，当研究该地域的产业属性时，使用“农村”一词更准确。城乡规划学科的特性决定了本书以研究该地域的居住场所属性为主要内容，因此，除固定词组搭配使用“农村”一词以外，本书用“乡村”一词，泛指相对于城市的人类居住场所。

另外，“村庄”是指由成片的居民房屋构成的建筑群，是人类聚落部。虽然“村庄”和“乡村”都能代表人类居住场所，但相对而言，“村庄”是一个具有空间含义的概念。因此，本书用“村庄”一词，指代人类聚居的某个或者某类地域空间。

2.1.2 乡村建设与乡村人居建设

“乡村建设”一词最早出现在1937年梁漱溟先生的《乡村建设理论》中，其认为，“救济乡村是乡村建设的第一层意义，至于创新文化，那便是乡村建设的真正意义所在”（梁漱溟，2017），并将乡村建设的内容分为政治建设、组织建设和经济建设三项。在后来的城乡社会发展演变过程中，“乡村建设”逐渐成为一个涵盖社会、经济、政治、文化等多个层面的综合概念。

“十四五”规划纲要当中提出了实施“乡村建设行动”，其中“乡村建设”的内容包括：优化生产生活生态空间，持续改善村容村貌和人居环境，建设美丽宜居乡村。可见，《乡村建设理论》和“十四五”规划文件当中所提到的“乡村建设”外延和内涵有很大差别。为了将两者加以区分，本书用“乡村人居建设”一词指代“十四五”规划文件中所说的乡村建设的概念。本书所研究的乡村人居建设主要包括人居环境整治、建设和空间资源开发活动，不仅是改变环境的建造活动，也包含了空间环境的维护和运营活动。

2.1.3　乡村人居建设参与主体

人类的行为动机促成了社会的演化，新制度经济学对新古典经济学的修改是从人的行为研究入手的。交易是人与人之间互动的经济行为，也是新制度经济学的研究客体，交易参与者的行为特征将决定交易的成本，人类行为理论与交易成本理论结合构成了制度理论。乡村人居建设内生动力的研究，归根到底是关于乡村人居建设中人的行为的研究。在此，我们将对参与乡村人居建设的主体——村民、市场主体、基层政府的行为特征进行静态和结构主义的普适性分析。

1. 乡村人居建设内部主体

乡村人居建设的参与者可分为村庄内部主体和外部主体。内部主体主要是村民及其形成的经济组织。根据行为动机和在乡村人居建设中发挥作用的差异，村民又可分为普通村民、乡村精英和村干部。

乡村精英按照其特长可分为政治精英和经济精英，按照其市民化的情况可分为在地精英和返乡精英，不同类型的乡村精英都有其参与乡村人居建设的行为动机。在地精英参与乡村人居建设的动机与普通村民没有太大差异，主要是改善村庄居住环境，并受到家族和乡村社会舆论压力的驱动。而返乡精英参与乡村人居建设的动机主要有以下三方面：①伴随着城乡融合体制的建立，乡村精英在城与乡之间能够更自如地流动；②精英返乡能实现一些在城市中无法实现的利益诉求，比如获取更多经济利益或者实现政治抱负（林修果　等，2004）；③是出于乡土血缘的情感羁绊以及出于家族荣誉和舆论的考虑，或者由于具有理想主义的价值观，精英通过回流乡村回馈故土，实现社会交换（陶琳，2011）。

村干部一般可视为乡村精英，有的村干部既是政治精英又是经济精英，村干部是乡村人居建设活动中发挥着最广泛作用的内部主体。有研究表明，村干部已分化为不同类型。比如杜姣（2021）基于对上海、浙江、珠三角村庄的调查，从村干部的权力取得方式和利益实现方式出发，认为村干部至少分化为政府代理人、村庄当家人和经营者三种类型；而肖龙（2020）通过对项目进村的调研发现，村干部角色在国家“代理人”与村庄“当家人”的制度角色（徐勇，1997）定位中出现了变异或偏移，呈现出“撞钟型”“横暴型”“分利型”“协调型”四种行为类型，乡村治理也由此呈现为“沉默秩序”“谋利秩序”“多元治理秩序”等多种治理状态。治理状态的不同必然会影响其他村民的行为特征并间接影响乡村人居建设的实施与运行。

2. 乡村人居建设外部主体

乡村人居建设的外部主体包括市场主体、社会团体或者外来精英、基层政府。市场主体又可分为：村民及村集体创办的企业（也可作为内部主体）、由返乡精英创办的企业、政府投融资平台公司、其他企业。社会团体或者外来精英主要包括：科研团队、社会工作者、设计师团队、艺术家和下乡市民。这些不同的主体具有各自的参与乡村人居建设的行为动机。

基层政府主要指乡镇政府，在乡村人居建设中发挥着最广泛的作用，基层政府与其他参与主体联动，共同构建乡村人居建设的组织机制。虽然乡村人居建设往往由多元主体共同参与并构建利益联结机制，但根据主导者的不同，乡村人居建设的组织机制呈现出较大差异。较常见的组织机制包括“村民主导、政府奖补”“企业投资建设、项目资金启动”“外来精英主导建设、基层政府协助动员”等，同时，在示范村建设中也有基层政府单独主导的情况。20 世纪 80 年代以来的市场化改制和分税制改革改变了乡镇基层政权运作的特性，追求可支配财政收入的增长成为乡镇政府的主要行为目标（刘世定，1995）。温铁军（2011）在解读苏南地区村社经济发展的过程中发现，分税制改革之后基层政府同时具备行政权力和独立经济盈利目标，这种具有双重动机的基层政府被其称为“地方政府公司”。

通过以上静态和结构主义的普适性理论分析发现，乡村人居建设的每一类参与主体，在制度变革和发展环境变化的影响下，正在发生类型上的进一步分化，其中村民、村干部、地方精英的类型分化较为复杂，其角色与行为究竟呈现出何种特性，不仅受到特定的村政环境影响，并且也是行为主体对环境主动适应与选择的结果（吴毅，2002），不能将这些主体作为一种单一类型从而简单化地阐释其行为动机和决策逻辑。据此，对于乡村人居建设主体的行为特征、行为动机及其对乡村人居建设影响的分析，必须嵌入个案所处的整体环境之中，针对不同的案例进行在地化的研究，不能一概而论。

2.1.4　交易、乡村人居建设之中的交易以及交易成本

交易是人类经济活动的基本单位，也是制度经济学的基本分析单位。制度经济学中的交易与新古典经济学的交换不同，交换是移交和接收物品的劳动过程，是物品的供给与需求的平衡关系，而交易不以实际物质为对象，是以财产权利为对象，是人与人之间对自然物的权利的让与和取得关系，是转移法律上的控制（卢现祥 等，2021）。

乡村人居建设不仅是一种空间生产的活动，也是一种经济活动，其中涉及大量的交易。比如修建村庄道路这种公共物品供给的活动，往往会占用农户的土地，这些被占用的土地由农户私人占有其承包权或者经营权，转变为可被所有人共同使用的村庄公共物品，所以修建村庄道路的过程包含了村集体与被占用土地用益物权人的交易过程；再比如社会资本下乡进行民宿项目的开发运营，涉及社会资本与村民之间的交易，相关村民在出让宅基地和地上房屋使用权的同时，与社会资本共享资源开发的收益权。所以，无论是人居环境整治还是空间资源开发运营，都会涉及大量的人与人之间资源权利的交易，如果交易不能顺利进行，那么乡村人居建设必然无法推进。

交易成本，用科斯（2014）的话来说，就是“行使一种权利（使用一种生产要素）的成本，是该权利的行使令别人所蒙受的损失”。并且由于交易成本的存在，最优的权利安排以及由此带来的更高的产值也许永远不会实现，从广义的角度，交易成本是经济制度的运行费用，是所谓的“制度成本”。不同制度结构下的交易成本是不一样的，一种好的制度具有降低交易成本的内在动力，交易成本是可以衡量制度绩效的核心概念。

威廉姆森（2020）把交易成本分为两大部分：一部分是事前交易成本，即交易之前在签订契约、规定交易双方的权利和责任等环节花费的成本；另一部分是事后交易成本，即签订契约后，为解决契约本身存在的问题、改变条款或者退出契约、监督契约条款严格履行的成本。

威廉姆森指出交易成本主要有以下几大来源（Williamson，2000；刘玮，2016）：

（1）有限理性（Bounded Rationality）：指进行交易个体，受其自身智力、品行、个性的影响，很难完全理智地看待周围的人和事物，从而限制了交易的效率。在乡村人居建设实施与运行的过程中，村民及其他主体由于受到教育水平、文化、经济

条件的约束而表现出来的有限理性特征，是交易成本的重要来源。

（2）投机主义（Opportunism）：是指人们很难理性地追求自身利益最大化并且不损害他人的利益，人们甚至会为了寻求自我利益最大化而采取欺诈行为。投机主义造成人与人之间的不信任，导致了更多监督成本。如果没有一个完善的约束机制，乡村人居建设参与的各方就会对公共事务采取投机行为，从而降低整个建设项目的经济效率。

（3）不确定性与复杂性（Uncertainty and Complexity）：人与人之间交易的过程是复杂的并且充满了各种未知的变化，这种复杂性和不确定性使得签订契约时的议价成本增加（周国艳，2009）。而不确定性和复杂性，正是多元主体参与下的乡村人居建设的显著特征，只有解决好这个问题，才能够解决乡村人居建设过程中交易费用居高不下的问题。

（4）信息不对称（Information Asymmetric）：交易主体对信息的掌握程度决定了其追求自我利益最大化的能力高低，由于人与人之间智力和资源禀赋的差异，交易双方掌握信息的程度是不一样的，往往是少数人占有大量信息并且从中获益。乡村人居建设过程中，同样作为参与方，政府和市场主体所占有的信息量，远远大于村民和村集体的信息量，会导致优势方的投机主义和劣势方的担忧，使交易主体无法及时做出判断而导致交易拖延。

（5）气氛（Atmosphere）：如果人们处在一个互不信任的氛围之下，则很容易导致对立立场和紧张的交易关系。而轻松、和谐且相互信任气氛的形成与交易双方所处的乡村社会、文化特征密切相关，需要人们长时间密切交往并在此过程中对彼此的基本观念相互认同。

新制度经济学交易成本的相关理论可以让我们从多个方面对乡村人居建设加深认识，我们可以通过判别交易成本来了解不同制度安排之下，不同参与主体行为决策的制度逻辑，以及乡村人居建设困境之后的真正原因。特别是在城乡融合的大趋势下，乡村人居建设的交易主体变得多元化，交易的复杂性增加，交易成本对于主体行为以及建设绩效的复杂影响值得进行深入研究。对交易成本的研究可以为制度改进提供方向与思路，并且对交易成本变化的研究可以作为判断制度改进绩效的一种易于被感知和描述的分析途径。

2.1.5 制度、制度变迁、制度变革与制度创新

本书当中的“制度”与“制度安排”是相同的概念。诺斯（2008）在《制度、

制度变迁与经济绩效》一书中指出：制度是决定人们之间相互关系的一系列约束，制度构成了人们在政治、社会或经济方面发生交换的激励结构，通过向人们提供日常生活的结构来减少不确定性，所以从实际效果来看，制度定义的是社会、经济的激励结构。本书所研究的制度涉及正式制度和非正式制度。非正式制度是指人们在长期的社会生活中逐步形成的对人们行为产生非正式约束的规则，如习俗习惯、伦理道德、文化传统、价值观念和意识形态等。正式制度是人们有意识建立起来并以正式方式加以确定的各种制度安排，包括政治规则、经济规则和契约，以及由这一系列规则构成的一种等级结构。正式制度能够补充和强化非正式制度的有效性。

制度变迁是指新制度或新制度结构替代旧制度或旧制度结构的一般动态过程，它强调新旧的交替或者转变。根据林毅夫（2014）的理论，制度变迁可分为强制性制度变迁和诱致性制度变迁两种类型。强制性制度变迁是由于需要在不同集团之间重新分配既有利益，由政府命令或者法律推出或者实行新的制度安排。诱致性制度变迁是指对现有制度安排进行的修正、改进或者替代，这种新的制度安排是由个人或者群体在对获利机会做出反应时自发倡导、组织并实施的（林毅夫，2014）。

基于以上对制度变迁概念的认知，本书将政府根据利益调整需要而供给的新政策，经过自上而下的强制性制度变迁而完成的新制度替代旧制度的过程，称为“制度变革”；将个人或者群体对获利机会做出反应时对现有制度安排进行修正、改进、优化、设计，并经过自下而上的诱致性制度变迁而实现的新制度替代旧制度的过程，称为“制度创新”；“制度变革”和“制度创新”则统称为“改革”，如图 2.1 所示。

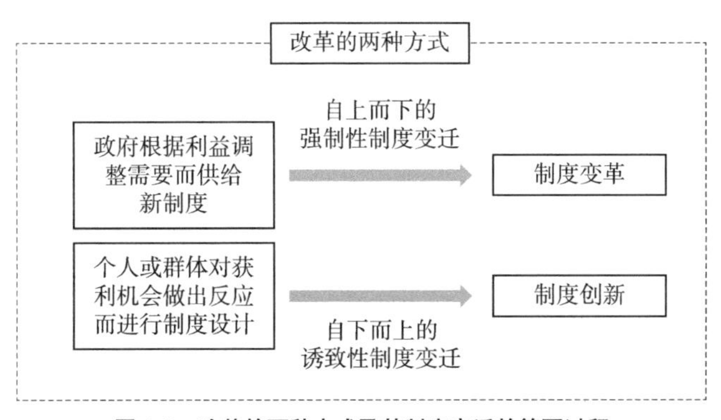

图 2.1　改革的两种方式及其制度变迁的简要过程

2.2 研究问题的理论解释

2.2.1 乡村人居建设：一种村庄公共品供给活动

1. 公共物品的定义和属性

经济学家萨缪尔森（Paul A. Samuelson）、马斯格雷夫（Richard Abel Musgrave）等人先后从“非竞争性”和“非排他性”两方面来定义公共产品。“非竞争性”是指当任何一个人使用该物品时并不会减少其他人对这种物品的使用效益（Samuelson，1955）；“非排他性”是指物品的使用不对特定人群设置门槛（Musgrave，1959）。公共品的这两方面特殊属性使得将潜在受益者排除在公共品之外的成本极高，人们在利用公共品正外部效应的同时往往会逃避支付相应的成本，普遍的搭便车现象会影响直接受益者参与供给活动的积极性，并可能导致供给不足。奥斯特罗姆将宽泛的公共品概念细分为纯粹的公共品、公共池塘资源、收费产品。纯粹的公共品同时具备非竞争性（非减损性）和非排他性，公共池塘资源具有竞争性和非排他性，收费产品具有非减损性和排他性。早在奥斯特罗姆之前，约翰·H. 戴尔斯（John H. Dales）与戈登（H. Scott Gordon）同时注意到了与公共资源相关的问题，他们认为：只要公共池塘资源对一批人开放，资源单位的总提取量就会大于经济上的最优提取水平（Dales，1969；Gordon，1954）。哈丁（Garrett Hardin）后来把这样的公共产品使用状态称为“公地的悲剧”（Tragedy of the Commons），并认为这个世界上许多地方所依赖的资源都可能发生公地悲剧，比如哈丁用公共牧场作为一个比喻，用于说明带有普遍性的人口过度膨胀问题（Hardin，1968）。奥斯特罗姆后来的大量案例研究也主要集中在公共池塘资源方面，但同时她也得出结论：从排他困难中引申的理论观点不仅适用于解释公共池塘资源供给，也适用于解释集体物品（纯粹的公共物品）的供给，虽然“拥挤效应”（Crowding Effects）和“过度使用”（竞争性）问题在公共池塘资源中长期存在，在纯粹的公共物品中却不存在（Ostrom，1990）。

2. 我国村庄公共物品供给的内容和困境

当前，我国农村人口日益增长的对现代生产生活空间环境和配套设施的需求，有很大一部分仍然需要通过村庄公共品供给来实现。然而，我国大多数乡村地区依然面临着公共品供给不足的困境，亟须在全面推进乡村振兴和实施乡村建设行动的过程中补齐这一短板弱项，从而提升农民的幸福感和可持续发展能力。村庄公共产品是农业生产、农民生活、乡村社会稳定发展所需的，具有效用不可分性、消费非排他性与非竞争性的设施和服务，包括乡村生产、生活公共设施和公共服务等（刘鸿渊，2013）。本书对村庄公共物品的讨论不涉及公共服务。

由于公共品的特殊属性使得将潜在受益者排除在公共品之外的成本极高，人们在利用公共品正外部效应的同时往往会逃避支付相应的成本，普遍的搭便车现象会影响直接受益者参与供给活动的积极性，并可能导致供给不足。我国乡村资源所有权归集体，土地、宅基地等重要资源的用益物权归农民的特殊产权规则，以及特定的国家财政转移支付方式和乡村社会治理体系，使得我国村庄公共品供给的基层实践呈现出特有的复杂性：自从“三提五统”被全面取消，我国大多数村庄自主提供公共品的能力显著降低（罗仁福　等，2006）；并且，村庄公共品供给需要集体成员进行共同决策，需要平衡集体利益与成员利益，完全依靠市场机制解决公共品供给问题亦具有一定难度；于是，很多情况下，那些具有公益性质的村庄公共品投资建设与维护成本转由各级政府财政项目资金支付。

3. 乡村人居环境的公共物品属性的界定

我国乡村不同类型的资源具有不同的产权属性，见表2.1所列。①最复杂的一类资源是农地资源和宅基地资源。农地资源的产权结构由改革开放以来的“两权分置”变为了目前的“三权分置”：资源所有权归集体，集体是指资源所属的村庄或村民小组中所有具有成员资格的村民集合体；而农地的承包权归农户但经营权也可以流转给其他主体。[①] 目前，我国正在探索宅基地所有权、资格权、使用权“三权分置”，落实宅基地集体所有权，保障宅基地农户资格权，适度放活宅基地和农民房屋使用权（王立彬，2018）。所以，乡村这两类资源可以量化到人但却无法完全分割，同时具备着公共物品与私人物品的双重属性，无法用奥斯特罗姆的“二乘二矩阵”（Ostrom，1990）定义其性质，这两类资源无论是村集体还是村民都无法完全控制其使用，比如村集体具有所有权，但对这两类土地资源的利用必须要与用益物权人进行协商。②我国乡村还有一些集体资源的所有权与用益物权没有分置，比如林地、草地、沙地、滩涂、水库等，这些资源的所有权归集体，并且成员对这些资源进行利用存在着竞争性，属于“公共池塘资源”（Ostrom，1990）。③我国乡村还存在着同时具备非排他性和非竞争性的资源，也就是纯粹的村庄公共物品，比如村庄文化资源、村庄景观资源、村庄公共基础设施资源等。所以，我国乡村资源的产权属性

① 中华人民共和国中央人民政府．中共中央办公厅　国务院办公厅印发《关于完善农村土地所有权承包权经营权分置办法的意见》[EB/OL].（2016-10-30）[2020-12-11]. https://www.gov.cn/zhengce/202203/content_3635234.htm.

是非常复杂的，但总体来说，上述这些资源类型在一定程度上都具备公共属性。

我国大部分乡村人居建设活动，如村庄基础设施建设、公共空间打造、村容村貌整治、村庄产业品牌塑造，都属于纯粹的公共物品供给行为。需要特别说明的是，纯粹的公共物品由于使用上具有非竞争性，不存在使用者“占用”方面的问题，纯粹的公共物品的关键问题在于“提供”的问题，也就是谁来建设、谁来维护的问题。并且，由于乡村人居建设需要占用乡村资源，特别是无可避免地占用土地资源以及公共池塘资源，无论何种建设主体采取何种方式来提供公共物品，乡村人居建设都会面临着复杂的个人利益与公共利益之间的矛盾调停难题。桂华（2014）认为，乡村人居建设活动必须要面对千家万户分散的农地承包权、宅基地使用权等分散的利益，公共品供给的“最后一公里”难题具有“反公地悲剧”[①]的性质。

我国乡村不同类型资源的属性界定　　表 2.1

	是否具有排他性	是否具有竞争性	性质界定
农地、宅基地	所有权非排他性 用益物权排他性	土地确权后由竞争性变为非竞争性	无法用广义定义矩阵界定性质
林地、草地、沙地 滩涂、水库	非排他性	竞争性	公共池塘资源
文化、景观、设施	非排他性	非竞争性	纯粹的公共物品

2.2.2　内生动力：一种基于村民合作的村庄集体行动力

1. 既有研究对内生动力问题的讨论

近年来，随着“内生动力”一词在政策文件中反复出现，国内学者对于这一主题词的关注度显著提高。本书对“内生动力”“内源动力”“内生能力”等关键词进行检索发现，学者们从内生式发展理论、系统要素相互作用论、精神分析理论、马克思人的发展理论、需求层次理论、城乡一体化理论等视角对“内生动力是什么”“如何激发内生动力”等问题进行了讨论。

虽然学界对于内生动力缺乏一个明确的定义和系统性的阐述，但是不同学科视角的研究对内生动力的认识有共同之处，学者们普遍认为：内生动力是乡村内部主

① 迈克尔·赫勒提出“反公地悲剧”，他认为私有产权能提高社会福利，但过多的私有权却造成反面效果：破坏市场、阻碍创新、消耗生命，因为产权过于细碎造成了交易成本过高。参见：赫勒，2009. 困局经济学 [M]. 闾佳，译 . 北京：机械工业出版社：2.

体自身的力量，是基于乡村社会动员而形成的自下而上的力量，这种力量能够推动乡村朝着共同的目标，进行“造血式”的发展，并且这种发展不是封闭的，而是内外联动的。内生动力的形成需要一定的内外部条件。彭小兵等人（2020）通过文献研究总结了内生动力的内源系统条件和外源系统条件：内源系统条件包括农民主体意识和行动的双重自主性觉醒，基层党组织的核心领导能力和市场经营能力，农民对土地产权的拥有，集体经济的发展壮大，以村社文化为基础形成的村社理性；外源系统则体现在政府在政策供给、基础设施建设、产业规划等方面发挥的引导、支持和推动作用。黄华等人（2021）总结了内生动力的四大内部要素与四大外部资源：内部要素包括内生主体、内生组织、内生秩序、内生资源；外部资源包括顶层制度设计、市场需求、技术手段、资金供给。总之，既有研究对于内生动力的内外部条件梳理较为充分。

然而，如果止步于此，我们仍然不能解答一个问题：具有这些内外部条件的村庄有很多，但为什么成功激发内生动力的村庄只有少数？有学者得出结论：激发内生动力之关键点和难点在于转变农民主体的观念和行为，提出农民主体意识和行动的双重自主性觉醒是内生动力的重要开端（刘晓雯 等，2020），并且农民主体行为的转变是需要进行“激励”的。已有学者从以下几个视角分析了实现这种转变的激励方式。张琦等人（2021）提出了“需求激励”，基于马斯洛的需求层次理论和弗鲁姆的期望理论，其认为内源动力来自人自身的需求，提出要根据农村人口需求的异质性制定差异化的激励措施。王杰森（2021）从马克思人的发展理论出发，提出了“发展激励”，认为有效的激励来源于为农民提供能力的发展、精神的发展、个性的发展等条件。韩喜平等人（2020）从精神分析理论（拉康学派）出发提出了“精神激励”，认为群体的价值评价体系在村民个体行为选择中发挥重要作用。可见，既有相关研究普遍重视心理和精神层面的激励机制在激发内生动力方面的作用。可是，村民会自觉接受这些来自心理、精神和价值观层面的信息反馈并且自觉转变其行为吗？意识转变了，行为就一定会随之转变吗？

本书将从制度激励的视角出发，运用新制度经济学分析主体行为决策逻辑的理论研究方法，围绕交易成本对农民行为转变的激励机制进行深入探究，能够弥补相关研究的不足。接下来本书将从新制度经济学的理论视角阐释内生动力的内涵、特征、产生的条件及其阻力。

2. 从新制度经济学的视角对内生动力的阐释

从新制度经济学视角来看，内生动力是一种村庄集体行动力，包含了两个层次的内涵：一个是作为主要内部主体的村民之间的集体行动力，另一个是组织化的村民与进入村庄的相关外部主体之间的协同行动力。从这个概念出发，我们所要探讨的关于乡村人居建设内生动力的制度逻辑可以被具体化为两个方面：一是在现代乡村场域中，在进行乡村人居环境建设的过程中，农民由独立行动转变为集体行动的逻辑；二是进入乡村场域的外部主体与组织化的农民之间协同行动的逻辑。因此，内生动力问题是关于以乡村内部主体合作为基础，内外部多元主体之间持续合作的问题。

内生动力的特性特征：①内生动力由分散的内部力量集聚而成，改革开放以来“包产到户”制度虽然能够激发村民个体的积极性，但是在创造村庄公共品、提高经济规模效益时就需要村民采取集体一致行动，只有具备集体行动能力的农民才有可能对接乡村外部资源并转化为乡村内生秩序（桂华，2018），激发内生动力需要将村民分散的力量整合起来；②由村民组成的集体具有发展的决策权和资本增值的收益权，是除地方政府以外最重要的“权力—资本”主体，村集体不一定是富有的，但必须具有控制发展和获得增值收益的权力和能力；③以集体内部的规范作为主要的行动准则；④力量持久且稳定，内生动力不能仅仅是形式上的合作，而是这种合作要能在村庄公共品供给的活动中持续发挥促进作用；⑤内生动力具有双向性，内生动力不一定都是正向的，也有可能起到负面作用，比如实施“包产到户”合约之后，农民和村集体进行农业生产和发展乡村工业的积极性提高，但随之而来的还有耕地面积的急剧减少以及村庄建设用地无序扩张。

激发内生动力的过程中会面临阻碍行为转变的阻力，在现代乡村社会中激发内生动力的阻力来源于以下方面：①个体的有限理性特征使得分散农民的集体行动非常困难。奥尔森（2014）认为，“除非集团中人数很少，或者存在某些特殊手段迫使人们按照共同利益行事，有限理性的、寻求自我利益的个人是不会为了共同利益采取集体行动的”。②在现代乡村场域中，农民由独立行动转变为集体行动更困难。农民的有限理性与半市民化、乡村社会原子化、基层组织结构松散化等多重社会特征叠加，导致村民之间缺乏日常的沟通渠道，人与人之间信任逐渐缺失，使得已经分化的村民之间很难具有共同的利益目标。③农民与外部主体之间又由于个体的有限理性、双方缺乏共识、信息不对称、互不信任、监督缺乏等，导致了协同行动的困难。这些由于主体本身的行为特征以及环境特征导致的主体行为转变的阻力很难单纯地通过精神、心理、价值体系的激励来消除。从新制度经济学的理论视角来看，激发内生动力的阻力在于主体之间合作的交易成本。

激发内生动力的途径——制度约束与制度激励：正如前文的定义，“制度”是涉及社会、政治及经济的一系列“行为规则”（舒尔茨，1968），它包含了正式规则，比如宪法、法律、政策与社会契约；还包含了非正式规则，比如道德规范、习俗习惯和文化传统等。也就是说，新制度经济学的广义“制度”几乎包含了影响农民行为秩序的所有决定性因素，因此，我们可以运用制度的约束手段（强制性）和激励手段（引导性）来转变农民的行为，这种激励既包括非正式制度的精神性激励，也包括正式制度的政策性、经济性激励。

2.3　相关研究综述

2.3.1　新制度经济学视角关于合作的理论综述

与新古典经济学强调竞争在市场机制中的作用不同，新制度经济学则特别强调合作在市场机制以及社会经济中的作用。正如诺斯（2008）所言：“创造经济和政治的非个人交易的合作框架，是社会、政治和经济生活中问题的核心”。合作问题是新制度经济学的核心问题，而制度的微观基础研究是围绕促进合作的互惠制度如何形成来展开的。新制度经济学主要从社会的相互依赖性、现代经济的交易转型、多次重复博弈、人的互惠利他倾向等方面论述了合作是如何产生的。

1. 社会的相互依赖性与分工、合作的产生

法国社会学家涂尔干（Émile Durkheim）把人的相互依赖关系分为机械联系和有机联系（涂尔干，2020）。人们在传统农业社会中分工不明确，大家做着类似的事情并形成了大体相同的观念和生活方式，同质性和相似性把人们凝聚到一起，这就是机械联系。在这种社会关系中，人们进行着人格化的交易，人格化的交易是建立在相互了解基础上的交易，重复交易、拥有共同价值观、缺乏第三方实施是人格化交易的典型特征，人格化交易的约束形式依赖于约定俗成的准则和道德规范等非正式制度。

亚当·斯密（Adam Smith）认为，伴随着市场供给与需求的增加，市场容量扩大并进一步促进专业化和分工的发展，社会出现越来越强的异质性（斯密，2019）。涂尔干将在异质性基础上形成的新的社会整合机制称为有机联系。在这种新的社会整合机制当中，人们的交易也发生着由人格化交易向非人格化交易的转型。非人格化交易是一种陌生人之间的交易，有着更广泛的合作对象，但是由于交易双方信息不对称，市场交易以一次性为主，因而渐渐地机会主义成为影响交易的障碍。正如

杨小凯等人（2018）的分析：分工使得规模收益递增，但分工深化的同时也会使交易成本增加，分工的深化会受到交易成本的限制，需要推动制度进步才能继续提高交易以及分工合作的效率。在专业化和分工引发的非人格化的交易当中，道德风险会危及交易的进行，传统的非正式制度变得苍白无力，成文的并且得到社会权力机构实施和保障的正式制度具有明显的优越性。在正式制度的约束下，每个人可以预判其他人对其行为的反应，大大减少了个人决策中的不确定性，交易的可信度得到提高；当交易双方都知道违约要受到法律制裁时，签订合同之前就不必对对方的资信状况进行详尽的调查，也不必对履行合同的每一步都进行监督，降低了陌生人之间交易的成本。因此，对“事后社会惩罚”的预期使得人们能够更多地以合同的方式与陌生人进行交易，而不必把交易局限在熟悉的人们之间。

总之，社会的相互依赖性既可以产生效率、产生合作，也可能形成低效、冲突和对抗，在产生外部性的同时发生人的机会主义行为倾向。随着专业化和分工的出现，改变了人们之间的相互依赖关系，交易也由人格化向非人格化转型，交易对制度，特别是正式制度的需求增加，因为制度可以为人们的交易提供可预见性和可信赖性，从而使陌生人之间的合作成为可能。

2. 博弈论对合作问题的阐释

在博弈论里，个人效用的函数包括了他自己的选择以及博弈对局人的选择，也就是说，人们的最优选择是其他博弈对局人选择的函数。因此，博弈论研究的是考虑外部性之下的个人选择问题。人们将囚犯困境模型进行“多次重复”，发现囚犯终究会选择“合作”而非“自私”，因为从长远来看前者更有利（卢现祥 等，2021）。因此，博弈论认为，有限理性的个人选择合作还是不合作，都是经过粗略的“成本—收益”估算的结果。

博弈分为合作博弈和非合作博弈，合作博弈意味着集体理性与公正公平占据上风，而非合作博弈意味着个人理性占据上风。个人理性与集体理性的冲突是制度起源的重要原因。合作博弈与非合作博弈之间的另一个重要区别在于博弈的当事人能否达成一个具有约束力的协议，合作博弈需要协议来进行约束和维持（卢现祥 等，2021）。可见，个人理性与集体理性之间存在冲突是常见现象，应该设计一种制度安排，在确保个人理性能够得到满足的前提下实现集体理性。

奥尔森（2014）对集体行动逻辑的研究表明，非合作博弈才是常态，人们不会为了共同利益而主动选择合作，合作博弈的出现需要符合一定的条件并进行制度干预。奥尔森（2014）认为，除非在集体成员同意分担实现集体目标所需成本的情况下，给予他们不同于共同或者集体利益的独立激励，或者除非强迫他们这么做，否则有限理性的、寻求自我利益的个人，在考虑外部经济问题的情况下，是不会采取合作的集体行动以实现他们共同利益的。以上观点适合于大集团的情况，在小集团中人们分担实现一个共同目标的成本时，由于存在着少数“剥削”多数的倾向，集体行动往往更容易实现。因此，合作的最初行为者或者初始行动集团，往往是小集团。

奥斯特罗姆（2012）以公共池塘资源占用问题为例，对人们进行理性选择的环境条件进行了分析。奥斯特罗姆的所有案例本质上都是关于人们在公共资源占用的情形下，采用合作博弈还是非合作博弈的问题。奥斯特罗姆认为实现合作博弈需要进行制度设计克服“一阶困境”问题，还需要经历制度变迁克服“二阶困境”问题，合作博弈相关的制度变迁过程实际上是有限理性的人们进行理性决策的过程。奥斯特罗姆所使用的理性行动的一般理论包括了 4 个内部变量——预期收益、预期成本、内在规范和贴现率，人们在决策时要权衡预期收益和预期成本，而预期收益和预期成本又受到内在规范和贴现率的影响，并且理性行动的一般理论把解释的重点放在影响内部变量的环境变量研究上，而不是放在内部计算过程的假定上，因为每一个内部变量都不具有准确的汇总方法、个人不可能把有关净收益和净成本的信息完全且准确地转化为预期收益和预期成本、人们的决策要考虑外部经济问题。在奥斯特罗姆的分析中，是否能够获取相关信息会影响个人的理性判断，是合作博弈形成过程中的重要环节，这些信息包括共有规范和其他机会信息、有关合作规则的收益的信息、监督和执行替代规则的成本信息等，而这些信息可以在人们长期重复博弈的过程中获取。

罗伯特·约翰·奥曼（Robert John Aumann）关于长期重复博弈的研究对整个社会科学具有深刻影响，他认为重复博弈可以使人们从他人的行为中获取更多准确的信息，从而降低信息不完全对合作博弈的不良影响，有利于合作的形成并提高合作的效率（卢现祥　等，2021）。奥曼首次提出“相关均衡”的概念，并从这一概念出发对合作进行解释。相关均衡是参与博弈对局的人们根据博弈对局之外的有关信号进行决策，并最终实现的均衡（卢现祥　等，2021）。比如交通信号灯就是一种有利于实现交通参与者之间博弈均衡的相关信号。没有交通信号灯的路口是危险的，因为交通参与者们在决策时是盲目的，人们并不知道其他参与者的行为规律，这导致多重纳什均衡的存在，而交通信号灯的作用就是提供一种协调机制，并且为交通参与者提供一种判断其他参与者行为规律的方法（丁继红　等，2005）。再比如，在现代乡村社会当中，人与人之间的关系日渐疏离，人们在博弈中无法直接运用熟人社会的规则对他人的行为进行判断，非人格化的合作需要签订一系列契约来提供协调机制，这种契约就可以为博弈中的人们提供有效的信号，使得人们可以预判他人的行为，从而实现相关均衡。因此，在博弈存在多重均衡时，也就是人们有多重选择但需要协调时，“相关均衡”就是解决决策选择方面协调困难和避免冲突的重要机制，并且，博弈当中的多重均衡是非常常见的状况，从这个角度来看，合作博弈的达成实际上是实现了以契约为外部信号的相关均衡。

托马斯·谢林（Thomas Crombie Schelling）在其著作《冲突的战略》中首次提出了“聚点均衡”的思想（谢林，2011）。“聚点”概念的提出源于一个关键问题：如何解释非零和博弈中均衡的多重性。研究者们往往认为，博弈对局人的利益是相互对立的，没有帕累托改进的余地，当对局中的任何一个人在追求自身利益最大化时，必然会影响他人的利益，即人的有限理性所导致的外部性是普遍存在的。然而，谢林（2011）却认为，在效率曲线上必然存在一点，使得当事人的利益是一致的。当我们在效率曲线上找到一个能够满足多方利益诉求的点，就可以围绕这一点解决彼此之间的冲突，甚至促成合作。在不同的博弈对局之下，都有可能使对局人的注意力集中到某个特殊的点上，效率曲线上的这个特殊的点就是“聚点”。

因此，从博弈论的视角来看，由非合作博弈到合作博弈是可以通过重复博弈趋于实现的。合作的问题被具体化为了存在相互外部经济条件下的个人选择问题，并且个人选择的最终结果取决于人们对特定环境下“收益—成本”的计算。而新制度经济学的交易成本理论，实际上就是关于外部经济性问题的研究。因此博弈论为我们提供了运用交易成本理论分析合作问题的思维框架。

3. 互惠利他理论对合作问题的讨论

互惠即互惠互利的制度。布罗尼斯拉夫·马林诺夫斯基（Bronislaw Malinowski）认为，互惠制度就是一种双方承担义务的制度，一方做出给予行动后，另一方必须进行相应的回馈（卢现祥，2008）。互惠是具有社会性的人类的普遍行为，这种互惠不仅出现在人类的社会活动中，也出现在人们的经济活动中，人们在追求物质利益的同时也会呈现出“互惠”的倾向。这一事实与新制度经济学关于人的双重动机的假设是一致的：人们不仅追求物质利益最大化，还追求非物质利益最大化（卢现祥，2008）。

亚历山大·J. 菲尔德（Alexander J. Field）提出疑问，如果一个人能够转入一个无限次反复互动的环境中，那么采取合作的利己与利他的倾向就能共同保持着人与人之间的相互作用，可是人们是如何从一次性互动的情境中转变过来的（菲尔德，

2005）？罗伯特·特里弗斯（Robert Trivers）提出了一个关于合作起源的问题：假如人们在与非亲族的一次性互动中没有了合作倾向带来的利益，那么持续的相互关系是如何出现的？从理性选择理论常见的自我中心假设出发，一个人是如何从“自我中心”的状态走出来并进入“社会性”的状态之中的（卢现祥　等，2021）？菲尔德（2005）的研究表明，利他行为一开始是在一些“最初行为者”身上偶然发生的，这些行为者的适应性成本相对来说非常小，小到我们可以忽略不计，一旦有了第一步，社会性的转变就开始了。在互惠关系中，人们为此消耗的成本比得到的利益小，它就成为获得利益的间接手段。互惠利他的行为倾向有助于人类共同面对自然环境以及复杂的社会环境。

制度在形成人类的互惠性方面发挥着极其重要的作用，互惠制度是人类互惠性的“物化”，这种制度更多是以习惯、习俗等非正式形式存在的。制度的基本功能之一是减少人们之间交易的冲突，为人们之间的合作提供一种解。新制度经济学的一个重要任务就是要揭示各种互惠制度是如何形成的（诺斯，1991）。互惠行为的实质是实现了自利、互利和社会利益的有机结合，互惠制度就需要解决其中的激励和约束问题。每个人做每件事都会涉及收益与成本，只要收益和成本不相等，人们就会有不同的激励反应。虽然个人、团体和社会整体的利益不可能完全一致，但我们仍然可以通过“激励相容”将这三个层次的利益协调统一起来，也就是在制度设计时提供一种有效激励，使得每个人在追求自身利益的同时也达到了制度设计者所想要达到的整体目标（卢现祥　等，2021）。一个好的制度安排就是要看他是否给主观为自己的个人以充分的激励，使他们客观为集体、为社会而工作（卢现祥　等，2021）。

2.3.2　村庄公共品供给中的合作问题研究

为了了解我国村庄公共品合作供给的相关研究情况，本书对中国知网进行了关键词检索，“农村公共品供给”这一主题词检索的结果为 831 篇，在该结果中继续检索“合作”主题词找到相关文献 80 篇，其中可筛选出与乡村基础设施、项目工程、美丽乡村建设、新农村建设等有关的文章 59 篇。从文章发表趋势来看，我国学者对村庄公共品供给的关注度在 2006 年新农村建设以及农村税费改革前后激增，且近 15 年来关注度居高不下，可见税费改革后村庄公共品供给问题及其所导致的乡村发展困境和城乡之间不平衡不充分发展的矛盾，一直是学者们关注的热点问题，如图 2.2 所示。从学科分布来看，相关研究主要为农业经济、党政群众组织、财政与税收、宏观经济管理与可持续发展等学科的成果，其中农业经济学科占据半壁江山，环境

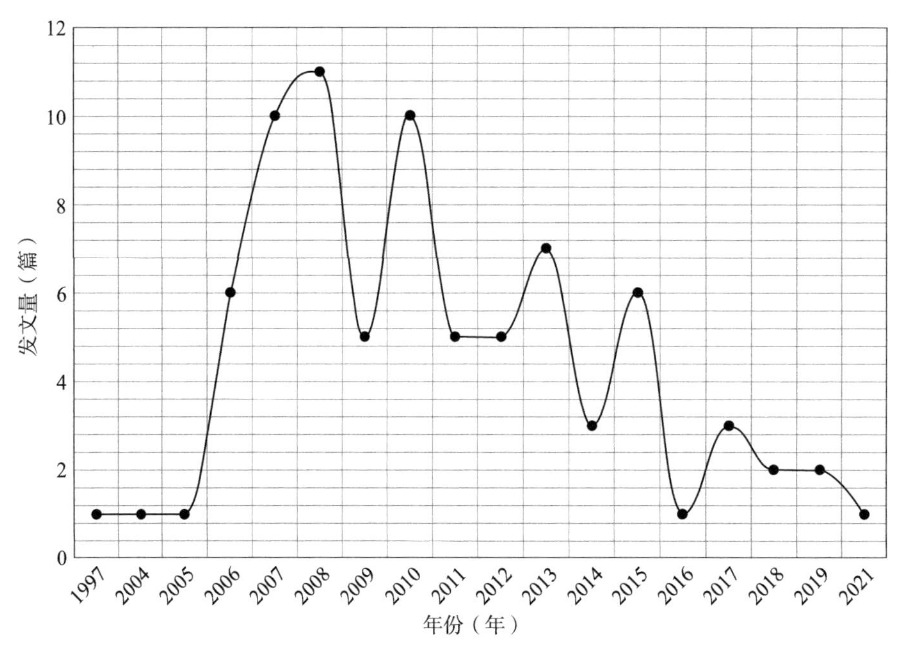

图 2.2 相关文献的发表年度趋势图

科学、城乡规划等学科的学者对该问题的研究成果极少。相关研究讨论了村庄公共品的类型、合作问题的研究方法、合作问题研究的理论基础、不同主体之间的合作与博弈、合作的影响因素与形成机制方面的问题。

1. 相关研究关注的村庄公共品的类型

农民生产生活需求的多样化与村庄公共品类型的多层次、多样化是相匹配的，不同类型的村庄公共品本身的特性决定了其适合的供给方式。学者们对我国村庄公共品的分类进行了详细的梳理。贠鸿琬（2009）认为，村庄公共品根据其性质可以分为纯公共品和准公共品：纯公共品是指具有完全非竞争性和非排他性的、一般而言应由政府提供的公共品，如乡村环境保护；准公共品则是介于纯公共品和私人物品之间、具有不完全的非竞争性和非排他性特征的物品，如道路、电网、文化场馆等基础设施，准公共品还可根据倾向程度进一步划分为公共池塘资源和俱乐部物品。方辉振（2007）根据村庄公共品的功能分为生态保护型、公共服务型、社会保障型和经济发展型四种类型。而乡村人居建设这种空间环境类的应该属于准公共品，这种类型的公共品在各种分类方式中几乎不被提及。

据统计，涉及村民及其他主体之间合作的公共品供给类型主要有以下几个方面：村庄基础设施建设问题占比 52.6%，与项目制有关的工程建设占 21%，研究村庄环境治理和村庄内部秩序的各有 1 篇，研究乡村人居建设的仅有 2 篇。其中，黄启发等人（2017）以浙江省温州市龙头村为例，研究了以农民创业者为核心主体，与其他主体共同推进美丽乡村建设的演化博弈过程；孙莹等人（2021）结合浙江省奉化市的 4 个微观案例，从建设项目的供给决策、村庄需求表达和村民实际参与度 3 个方面讨论了基层政府推动型、村庄主动型、企业投资型、外来精英介入型 4 种不同类型的乡村人居建设公共品供给的有效性。

可以推断，适合村民合作供给的公共品以村庄基础设施类的准公共品为主，乡村人居建设也属于准公共品的类型，但是国内学者对该类型公共品的关注非常有限。

2. 合作问题的研究方法

学者们主要运用问卷调查与回归分析相结合的实证研究方法、博弈模型研究方法、个案研究方法、文献和历史研究方法对村庄公共品供给的合作问题进行讨论。在问卷调查的实证研究方面，比较有代表性的包括齐秀琳等人（2015）通过对全国东、中、西、东北部的 10 个省的“十县百村”进行农户问卷和村级问卷调查，研究了宗族对村民集体行动的促进作用以及对村干部道德风险的规避作用；吴理财（2015）根据 2014 年 15 省 102 县 102 村的问卷调查数据，分析论证了村庄权力特征、村干部特征以及村民特征对村庄公共品供给质量影响的八个假设，得出了一些出人意料的结论，比如村民对村庄公共事务是否关心跟村庄公共品供给质量无关、村民外出务工人数多少与村庄公共品供给质量也没有必然联系、村级财务支出是否经过民主理财小组决定也没有对村庄公共品供给质量产生线性作用等；李冰冰等人（2014）通过有序 Probit 模型回归对 12 省 1447 农户的调查数据进行分析发现，农户在当前的乡村治理及已有公共品项目建设中的参与程度都很低，并且农户对项目预算管理以及监督的参与意愿很强，但是在融资和项目决策上对政府依赖度较高、参与意愿较低。

博弈模型研究方法的运用方面，时磊等人（2008）在农户能力异质性的基础上讨论有无社会荣辱感对发展中国家村庄公共品供给合作的影响，研究发现村民能力异质性所导致的合作与不合作、社区凝聚力差异所导致的合作和不合作，都可视为一种多重均衡；付莲莲等人（2015）基于农户自愿供给的角度，建立了信息对称和信息不对称背景下农户参与村庄公共品供给的博弈模型，研究表明，农户在单价段博弈中容易陷入囚徒困境，而在无限次重复博弈过程中，当社会惩罚足够强大时，可以避免信息弱势的一方充当“智猪”角色，从而实现帕累托最优。刘鸿渊（2013）将村庄公共产品供给合作行为视为动态变化过程，采用演化博弈的方法系统地研究了群体属性、信任关系、治理结构与村庄公共产品供给主体合作行为的均衡演化和演化条件。

学者们运用个案研究的方法，充分讨论了村庄基础设施建设、项目制之下的工程建设等公共品供给活动中的合作问题。比如，陈义媛（2019）结合 3 个案例分析了村庄公共品供给中的 3 种不同类型的村民动员机制——自发型动员、制度型动员和权威型动员；高万芹等人（2016）以三峡库区的某村为例，分析了该村公共品供给的“谁投资谁受益”的成本分摊和权利义务机制；黄翠萍（2016）在对 M 村实地调查基础上，运用利益、精英和社会资本的框架分析了村庄公共物品供给中农民是如何合作起来的；黄启发等人（2017）通过对浙江省温州市龙头村美丽乡村建设的个案研究发现，村庄是农民创业者、村民、村委等不同利益相关者共同生存的地理空间，经过各主体之间多层次的演化博弈，以农民创业者为核心主体形成村庄公共品供给的内生机制是可行的；刘晓峰等人（2017）采用“过程—事件”分析方法，客观呈现安徽省沙子头村成功地实现村庄道路自治供给的过程；高名姿等人（2015）对四川省某村修路案例进行过程剖析，发现村庄公共品的高效供给关键在于尊重社会资本，而权利与义务对应、明晰各户责任、避免人为因素影响、遵守社区规范有利于充分发挥社会资本作用，而第三方对于撬动社会资本起到关键的杠杆作用；吴毅等人（2004）以刘村 3 条道路的建设为个案，探讨了村庄公共品供给不足的问题以及村庄集体行动的逻辑。

在文献和历史研究方面，比较有代表性的研究包括，邓宏图等人（2017）在构建了一个组织、合约与激励理论模型的基础上，通过史料研究对比了公社制和承包制之下的公共品供给，认为一个能强制规定并执行合约的“第三方”与一个恰当的合约设计是村庄公共品有效供给的必要条件；韩鹏云等人（2012）通过对历史的追溯和考察，发现传统社会时期及人民公社时期的村社都有效达成了公共品的自主供给，这两个历史时段的村社都具有共同体的本质属性，而 20 世纪 80 年代之后，村社共同体消失，开始出现村庄空心化以及公共品供给困境。

除此之外，高功敬（2011）对 30 个村庄的村民委员会主任、委员、乡村能人等结构式访谈资料以及村民焦点小组访谈资料的质性分析，运用 Nvivio 质性辅助分析软件把一手文本资料中关于村委会与村民能够进行合作供给的主要关键词进行提炼，总结了影响村庄社区基本公共品合作供给能力的基本因素；彭长生（2007）基于社区内个体偏好具有很大差异的假设，通过现场实验来观察和研究个体偏好的差异对合作的影响，弥补了基于完全的自利者假定的搭便车理论对现实的解释力的不足；黄凯南等人（2021）通过对某市 7 个拆迁村的田野调查和行为实验，研究房屋拆迁中村委会偏好特征对村民合作水平的影响，构建了一个包含异质性村委会的多主体博弈模型，提出研究假设，并进行实证检验。

3. 合作问题研究的理论基础

关于村庄公共品供给中的合作问题研究，经济学研究者多数以理性行动论和博弈论作为研究的理论基础，社会学和管理学者的相关研究则展现了更丰富的理论视角，包括嵌入式理论、利益相关者理论、社会资本理论、参与式发展理论、共生理论等。

集体行动理论和公共事物治理理论等经典的理性行动理论似乎已经成为研究公共品供给问题的学者们的理论共识。例如，刘晓峰等人（2017）以安徽省沙子头村的道路自主建设为例，验证了奥尔森、奥斯特罗姆以及阿克塞尔罗德（Robert Axelrod）的经典合作理论在解释中国农民合作行为时同样具有解释力；刘鸿渊（2013）在反思理性行动理论局限性的基础上，提出了运用嵌入性理论来提高对现实生活中主体经济行为多重均衡的解释力；彭长生（2007）通过对集体行动问题的理论和文献综述得出基本结论：自利假定使得传统集体行动理论对现实世界中的集体合作行动问题的解释不够完美，基于自利假定的激励机制设计也难以解决集体行动中的合作，并提出进一步深入到个体偏好和个体资源禀赋的更微观的层面去研究村庄公共品供给中合作的问题。

囚徒困境博弈实际上是一般意义上对现实生活中各种社会困境的抽象模拟，是演化博弈的逻辑起点。当我们改变博弈结构，允许交流和多次博弈时，囚徒困境问题就可能得到解决（彭长生，2007）。演化博弈论提供了一套分析多次博弈的工具，从生物学到各种社会科学都有其应用的范围，演化博弈的基本分析结构包括博弈框架、适应度函数、演化过程和演化稳定均衡，国内已有较多学者运用博弈论的研究思路探讨了村庄公共品供给过程中不同类型的主体之间博弈与合作的问题（周亮 等，2014；黄凯南 等，2021；黄启发 等，2017），他们从博弈的视角去理解人与人之间合作的生成机制，认为在博弈过程中参与者的行为存在着相互影响、动态演化的关系，借助学习机制，成功的策略被不断学习和模仿，最终实现所有参与人的演化稳定策略（史密斯，2008）。

利益相关者理论是一个与博弈论密切相关的、能够对制度或管理活动进行深层解析的重要理论工具。其内涵在于：单一的主体所实施的单个行动已经不能取得最优的绩效，多个利益相关者成为具有不同利益诉求的主体，形成不同的利益关系并在主体之间进行利益博弈，从而对管理或政策的实施目标产生重大影响，也正是利益相关者多主体之间的相互作用，逐步实现了利益从不均衡状态向均衡状态的转变。由于利益相关者理论着重研究具有不同利益诉求的主体之间的博弈关系，该理论在分析中央政府、地方政府、村民等多元主体的利益关系形成及博弈特征方面具有优势。比如韩鹏云等人（2012）运用利益相关者理论对村庄公共产品供给制度的演进历程进行了学理分析与诠释。

有学者认为理性行动理论对现实生活的解释存在局限，行为主体的最佳策略不能从现有的偏好和条件中通过算术推演出来，那么行动者在作决策时就依赖于其对情境的定义和认知。因此，有学者提出应该从嵌入理论的视角来讨论村庄公共品供给的合作问题。马克·格兰诺维特（Mark Granovetter）在《经济行为与社会结构：嵌入性问题》一文中指出，现实主体的行为既不能脱离社会背景，也不完全受制于社会限制和社会外在规范，行为主体追求自身多重目标的过程发生在具有一定属性的社会场域中，存在嵌入问题（Granovetter，1985）。刘鸿渊（2013）以新经济社会学的嵌入理论和互动观为基础，构建了个体村民或村民家庭就村庄社区性公共产品供给过程中的合作行为分析的二维空间，即个体属性与社区情境因素对主体行为决策选择和行动的交互影响。

法国经济学家皮埃尔·布迪厄（Pierre Bourdieu）提出了“社会资本”的概念（Bourdieu，1992），而罗伯特·帕特南（Robert Putnam）将社会资本定义为：对社会生产能力有影响的人们之间所构成的一系列“横向联系”，这些联系包括“公民约束网”和社会准则，在该定义中，社会资本的主要特征是它促进了社会成员之间相互利益的协调与合作（帕特南，2001）。高名姿等人（2015）基于对某村修路的个案研究，发现了社会资本对于促进村庄公共品供给的重要作用，并且社会资本作用的发挥也是需要具备一定条件的，比如选择恰当的第三方、对社区充分授权和尊重社区规范。刘春霞（2016）建立了乡村社会资本的指标体系，并通过抽样调查分析了社会资本对村庄环保公共品合作供给的影响机制：社会网络机制、信任机制、规范机制、声望机制、互惠机制。

4. 不同主体之间的合作与博弈

国内学者已经对村庄公共品供给过程中不同类型主体之间的互动情况进行了较为充分的研究，主要包括各级政府之间以及地方政府与村民之间、村民与村委会之间、村民之间的合作与博弈问题，暂时没有关于村民与市场主体之间的博弈研究。

在各级政府之间以及地方政府与村民之间的合作与博弈问题方面，李琴等人（2005）根据税费改革前后各类主体力量变化的情况，认为中央政府凭借强大的政治权力处于博弈的强势主体地位，地方政府为了维护自身的利益而依附于中央政府处于次主体地位，农民作为弱势群体则明显处于博弈的弱势主体地位；在乡镇政府和农民的博弈中，地方政府受到的制度约束和监督的情况会影响博弈结果，当中央对地方政府制度约束弱而对官员行为监督成本高时，将导致地方政府权力寻租行为以及农民消极对抗和公共品供给不足的结果。王金国（2012）在分析了政府、村级组织、农民利益诉求和行为特征差异的基础上，运用博弈模型研究了各级政府之间、政府与农民之间、农民与农民之间的相互博弈。研究认为，要实现村庄公共品有效供给，必须加大中央政府对地方政府"非理性"行为的有效约束，以避免其通过乱收费和变相收费来筹集资金用于公共品建设而激起农民的不满和消极态度；由于农民普遍缺乏合作能力，乡村社会需要借助行政力量重建乡村组织和村庄秩序，但这个强势的乡村组织也需要受到有力的约束。

在村民与村委会的博弈问题方面，黄凯南等人（2021）以房屋拆迁为例，构建了一个包含异质性村委会的多主体博弈模型，实证检验的结果表明，村委会的利他水平会对村民的合作水平产生直接的影响，也就是说利他型的村委会能够直接决定其村民合作或者不合作。钟裕民等人（2008）认为村级公共品供给存在着三方行为主体：全体村民、村委会、公共品生产企业。村民与村委会之间存在着委托代理关系：全体村民委托村委会代理公共品供给决策并对其进行监控和激励，村委会则代理全体村民进行公共品的供给决策，抽取租金并力图规避监控；村委会与企业之间存在着采购关系：村委会进行公共品的采购决策，各供应企业为了能够得到产品的供应权展开竞争。村委会和企业之间的采购关系有可能引发村干部出现道德风险问题并损害委托人的利益，导致村级公共品的供给不能实现最优，而产生这一问题的根源是村民与村委会之间信息不对称。齐秀琳等人（2015）从宗族的视角出发研究了村委会与村民之间合作的问题，通过调查数据的回归分析，验证了乡村中宗族的存在能够加强村民的集体行动能力，迫使作为村庄正式制度代表的村干部在决策中考虑村民的意愿，进而有效地解决乡村治理中常见的道德风险问题。

在村民之间的博弈问题方面，付莲莲等人（2015）对农户参与新农村社区公共品供给进行了博弈分析，农户之间单阶段博弈模型表明，基于农户的个人理性，很多农户希望对方付出而自己免费享用集体公共品，会隐瞒自己的偏好，从而出现个体的理性决策和选择导致集体不理性的冲突，陷入囚徒困境；农户之间无限次重复博弈模型表明，当重复博弈次数更多，参与人都有足够的耐心时，短期的搭便车行为影响很小，参与人会积极为自己树立乐于合作的声誉，也有积极性惩罚不参与者；当合作双方信息不对称时，只有社会惩罚足够强大，双方才会实现帕累托最优，否则弱势的一方会选择不参与合作。彭长生（2007）基于异质性偏好环境下集体行动理论，以及村民个体之间存在着异质性的假设，论证了在自利者和对等者组成的群体中，自利者采取搭便车行为，对等者采取条件合作行为，自利者的搭便车行为促使对等者采取对等的减低合作的行动，使得集体行动走向不合作的均衡；在一个只有利他主义者和对等者组成的群体中，较高资源禀赋促使出现利他主义的概率也较高，利他主义者和更富有的对等者率先行动，会促使更多对等者合作。

另外，黄启发等人（2017）研究了温州市龙头村美丽乡村建设过程中，农民创业者、村委会、其他村民、邻村村委会、镇政府等多元利益相关者之间演化博弈的情况，农民创业者在与本村村民和邻村村委会进行博弈的过程中均受到了阻碍，但是，“群体的演化既有选择的过程也有突变的过程”（史密斯，2008），当镇政府强力参与到公共品供给过程中时，博弈主体的成本与收益发生了变化，该村利益博弈的僵局被瞬间打破，最终实现了农民创业者为核心主体的村庄公共品供给。

5. 合作的影响因素与形成机制

上述相关研究对村庄公共品合作供给的影响因素研究较充分，这些因素归纳起来有以下三种类型：主体特征、村庄特征和结构特征。影响公共品合作供给的主体特征可进一步分为个体特征和群体特征（刘鸿渊，2013），个体特征包括参与主体的基本属性、资源禀赋以及社会偏好（彭长生，2007）；群体特征则包括信任关系以及村民的职业分化、收入结构分化、与乡村的关系分化、群体的利益关联度（高功敬，2011）等。影响合作供给的村庄特征包括：村庄的集体经济实力、村委会（精英）的权威性与利他性特征、村庄的社会资本以及宗族的状况、村庄文化组织的数量、是否村务公开（吴理财，2015）、村庄到城镇的距离（常敏，2010）等。而结构特征主要是指村庄的治理结构，也就是国家政权与村庄治权的相互作用状况（韩鹏云，2012）。

相关研究对于合作的形成机制讨论得较少。其中，高万芹等人（2016）结合案例归纳了自治单位下沉后公共品供给的机制：村落理事会的当家人与村民自治机制、交易成本内部化机制、“谁负担谁受益”的权利义务均衡机制以及“谁负担谁受益”的排他机制。陈义媛（2019）结合案例总结了村民之间合作的自发动员、制度动员、权威动员机制。吉丽琴（2017）总结了乡村人居环境可持续治理的三大机制：平等参与、政府角色定位、协商对话的信任机制，一事一议、三项管理、委托代理的激励机制，村规民约、监督网络、互动监督等监督机制。邓宏图等人（2017）通过对公社制与承包制的历史制度比较分析以及博弈模型分析，提出民间“自给自足”的公共品有效供给的形成机制在于：需要一个强有力的“第三方”，即监督机制；需要一个依托于总量的精巧合约，即激励机制；降低村民参与公共品供给的机会成本。

6. 既有研究评述

通过对既有相关文献的研究，本书可得出以下五点启示：

（1）要重视乡村人居环境的公共物品属性。从既有研究情况来看，学者们将注意力放在了村庄基础设施建设和政府项目工程建设方面，对与村庄空间相关的人居建设关注较少，甚至很少有学者意识到村庄空间环境也是一种公共品，从公共品的视角去探讨乡村人居建设问题的城乡规划学科的学者更是屈指可数。但实际上村庄规划实施的过程就是公共品供给的过程，如果在此过程中公共品供给所面临的一般困境无法解决，那么村庄规划的实用性和落地性将大打折扣。

（2）村庄公共品合作问题的研究方法已很难创新，个案的经验研究要尽力实现“实例的一般化”。学者们运用多元化的研究方法对村庄公共品合作供给的问题进行了探讨，不同的研究方法适合解决的问题不同，每种方法也都有其局限性。文献与史料研究主要适用于宏观的、历时性的制度变迁分析和制度比较研究，但是无法针对具体的合作情形进行深入讨论。问卷调查与回归分析的方法、模型分析方法、行为实验方法、质性研究方法、个案研究方法则更适合开展微观层面的研究。其中问卷调查和质性研究能够通过扩大抽样的范围得出具有一般性的结论，但这两种方法依赖于研究者严密的研究设计，不同的学者对同一个问题的研究极有可能得出相悖的结论；模型分析方法使得学者们有可能通过改变假设条件而得出新的研究结论，有利于实现理论创新，但这种推理过程仍然需要行为实验的验证，才能提高预测结果的可信度，目前看来，能够实现模型分析与行为实验相结合的研究成果极少；个案的经验研究方法，以及“过程—事件”分析方法使得研究者能够深入剖析合作的形成过程，但这种方法受到个案特殊性的局限，很难实现“实例的一般化”。

（3）公共品合作供给困境的根源在于外部性问题所带来的交易成本，对合作成本的分析可弥补传统集体行动理论研究视角的不足。近年来，学者们在不断反思理性行动理论框架下的传统集体行动理论解释力的缺陷，并寻求研究公共品合作供给问题的理论视角的突破，但传统集体行动理论依旧占据基础性、本源性理论的地位。公共物品供给的困难源于过程中普遍存在的外部性问题，新制度经济学的鼻祖科斯提出的社会成本理论就是基于对外部性问题的研究，外部性问题导致了合作存在着交易成本。正如时磊等人（2008）所言，“如果合作租是一种收益的话，那么集体行动的交易费用就是这种合作必须加以克服的成本”。在经验研究的过程中，运用新制度经济学的交易成本理论比单纯的集体行动理论更具有解释力，因为交易成本既受到合作参与者自利性的影响，也会受到人与人之间关系模式的影响，利他行为有可能增大社会总产出。当我们比较关于村庄公共品供给的制度安排时，“适当的做法是比较不同的安排产生的总社会产品”（科斯，2014）。然而目前较少有学者将合作供给的困境归因于合作的成本问题。

（4）应系统地梳理影响村庄公共品合作供给的内外部影响因素。既有研究大多数关注影响合作的村庄内生性因素，如个体特征、群体特征、村庄特征等，忽视了制度和政策等外生性因素对公共品合作供给的影响，应进行系统性梳理。

（5）应重视村民与市场主体之间的合作博弈问题。既有研究对村庄公共品供给的不同主体之间的相互博弈进行了全面讨论，唯独缺乏村民与市场主体之间合作问题的讨论，然而在城乡融合背景下，多元主体参与的乡村人居建设过程中，村民与市场主体之间的合作与博弈的概率将显著增加。

2.4 小结

本章基于新制度经济学理论，对研究问题进行了理论解释，包括将乡村人居建设解读为一种村庄公共品供给活动，将内生动力解读为一种基于村民合作的村庄集体行动力，并深入阐释了内生动力的内涵、特征和阻力。

通过对合作问题进行文献研究发现：新制度经济学主要从社会的相互依赖性、现代经济的交易转型、多次重复博弈、人的互惠利他倾向等方面论述了合作是如何产生的；村庄公共品供给中的关于合作问题的既有研究讨论了村庄公共品的类型、合作问题的研究方法、合作问题研究的理论基础、不同主体之间的合作与博弈、合作的影响因素与形成机制方面的问题；公共品合作供给困境的根源在于外部性问题所带来的交易成本，从科斯的社会成本理论出发对合作成本的分析可弥补传统集体行动理论研究视角的不足。

第3章

激发乡村人居建设内生动力的理论研究

本章将从科斯的社会成本理论出发，在解读合作问题本质的基础上，分析激发内生动力、促成合作的四大机制；并基于威廉姆森的“四层次”制度研究框架，梳理四大机制的形成需要调动的制度与非制度因素；最后基于奥斯特罗姆的多中心治理理论，分析政府治理、市场治理、自主治理三种不同治理结构之下的乡村人居建设问题，总结乡村人居建设内生动力制度逻辑的理论分析框架。

3.1 制度对合作的影响机制

3.1.1 科斯的社会成本理论——理解合作问题的本质

新制度经济学代表人物科斯把正交易成本直接引入经济学分析，从而使我们能够研究现实中的世界。科斯（2014）认为：“为了进行市场交易，有必要发现谁希望进行交易，有必要告诉人们交易的愿望和方式，以及通过讨价还价的谈判缔结契约，督促契约条款履行，等等。这些都是要花费成本的。”市场的存在是为了减少交易的成本并增加交易的数量，而企业的出现则是一个用组织成本替代市场交易成本的过程。威廉姆森进一步区分了事前交易成本和事后交易成本[①]，并指出了交易成本的几大来源。科斯（2014）指出，“假设进行交易没有成本的时候，就可以毫不费力地使交易加速，以至于瞬间就成为永恒”。然而这种情况在真实世界中是不存在的，就如同牛顿第三定律指出“力的作用是相互的，只要有力，总是成对出现”，交易成本就如同相互作用的物体之间粗糙的表面一般，是人与人之间交易摩擦力的源头。从交易成本的理论出发，我们可以得出如下结论：当我们认为激发内生动力的过程是促成人与人之间合作的过程，那么内生动力的阻力将来自人与人之间合作的成本。

另外，科斯（2014）在对会产生有害影响的经济行为及其法律责任的研究之后得出结论：在权力的获得、分割和联合的过程中，新的权力集合所带来的收益增加要与为实现新的权力集合而需要付出的成本进行比较，而行使一种权利的成本，正是该权利的行使导致他人所蒙受的损失。权利的重新配置只有在为实现它而进行的

---

① 事前成本即合同签订之前的交易成本，包括事前谈判、拟定合同的过程中付出的成本。而事后成本则包括以下方面：（1）不适应成本，如果出现交易偏离原定的合作方向，使得交易双方互不适应所引发的成本；（2）讨价还价成本，当交易双方试图纠正违约现象，必须进行讨价还价时带来的成本；（3）启动及运转成本，即为了确保合同的执行，并解决合同纠纷，就需要建立治理制度并保持其运转，这也是需要付出成本的；（4）保证成本，即确保交易双方做出的承诺能够兑现所付出的成本。参见：威廉姆森，2020. 资本主义经济制度：论企业签约与市场签约 [M]. 段毅才，王伟，译 . 北京：商务印书馆：37–40.

交易的成本小于权利分配所带来的价值的增加时才会发生。在比较互替的社会制度安排时，适当的做法是比较这些不同的安排产生的“总社会产品”，总社会产品是去除交易成本之后的净剩余产品。因此，从交易成本与收益的理论视角来看，在乡村人居建设中，人们之所以选择不合作，是因为合作的交易成本太高，以至于合作的剩余产品无法对参与者形成有效的激励。

然而，对总社会产品的计算实际上是非常困难的，比如奥斯特罗姆（2012）分析了人们无法对制度变迁的“收益—成本”进行精确计算的主客观原因；威廉姆森（2020）也认为只有通过制度的比较，才能估计出不同合约之下的交易成本，并且即使要分析实例中的交易成本，也并不需要计算出交易成本大小的具体数值。因此，一般情况下，人们在选择合作与不合作的决策过程中亦不可能对合作收益以及合作成本进行精确计算，他们会采用一种类似于“模糊评价”的方法：当合作所产生的收益正好符合参与者的利益诉求，而合作的成本又能够控制在参与者所能接受的范围内时，合作就有可能发生。成本的可控制性则要求所有相关的制度安排是易于实施的，当这些机制全部在较为封闭的社会结构中由熟人执行，或者机制运行实现日常化，那么我们认为合作的成本将能够控制在最低水平。

基于上述分析，本书认为制度对合作的影响有两大方面：一是制度要为合作创造条件，也就是要让合作参与者们能够形成对合作剩余的预判；二是制度要能控制合作过程中的成本，提高合作结果的可预见性，从而保障合作的顺利进行。这两点也可以理解为制度对于合作的事前成本（缔约成本）与事后成本（履约成本）的控制机制。由此我们可以得出通过制度激励与约束的途径，激发内生动力的四大机制：聚点机制、交流机制、信任机制、监督惩罚机制。接下来将从“制度创造合作条件”“制度控制合作成本”两方面进一步分析制度对合作的四大影响机制。

3.1.2　制度创造合作条件：聚点机制、信息交换机制

1. 聚点机制

合作的形成需要满足两个条件，第一个条件就是合作比不合作对各方更有利。合作要能够给参与者带来交往惠利，并且从理论上来说，这个交往惠利要大于他的交往成本，实现这一条件的难点在于合作的参与者具有差异化的利益诉求。如果合作能给所有人带来惠利，就需要设计一种机制：在满足个人理性的前提下实现集体理性，能够将自利、互利和社会利益有机结合起来。本书借助谢林（2011）提出的“聚点”的概念，提出“聚点机制”：在具有异质性利益诉求的博弈当事人的效率曲线上找到一

个“点”，这个“点”使得当事人的利益是一致的，这个“点”能够吸引所有参与者的注意力，并能够化解彼此之间的冲突。当博弈当事人同属于具有共同利益目标的社会群体时，“聚点”存在于群体成员的共同目标当中，比如折晓叶（2020）对华南地区的超级村庄进行研究，发现所有这一类的村庄都发生了以村集体组织为主导的社区合作，由于村庄恰当地利用集体权威，将社会资本作为唤醒凝聚力和保护村民的力量，并将“共同富裕”作为村民集体行动的共同目标，才使得村民之间的合作能够在村域内长期维持。但大多数情况下，博弈当事人并不属于一个同质化的社会群体，具有不同的利益诉求，这时“聚点”的形成需要一些特定的条件，比如，外部产权规则或者治理规则的变化重新赋予了博弈当事人新的权利，或者社会偏好的变化使得博弈当事人所共有的资源价值突然增加，或者突发的自然灾害激发了人们“抱团取暖”的本能从而产生了共同的利益目标，等等。总之，找到“聚点”，并围绕“聚点”进行制度设计，激励博弈当事人为集体的利益而付诸行动，是形成合作的先决条件。

2. 信息交换机制

合作的形成所需的第二个条件是信息和知识的对称，虽然完全的信息对称是无法实现的，但制度设计至少要让人们都能了解到合作惠利的存在，并且每一方都明了其他参与者也具有这种知识，这就要求博弈当事人之间相互了解并对“聚点”具有共识。那么制度设计就必须为异质性的、事前并不熟识的个体提供信息交换的渠道，并且这种信息交换机制必须是日常化的、易于实施的，否则将增大合作的事前成本。在乡村人居建设活动中，信息交换的难点在于个体村民之间的信息交换以及村民与本地能人、市场主体、地方政府之间的信息不对称所导致的道德风险问题。并且信息交换机制在降低合作的事后成本的过程中同样重要，因为信息交换是实现信任与监督的基础。

3.1.3 制度控制合作成本：信任机制、监督惩罚机制

新制度经济学关于交易成本问题的研究大多来源于对人的有限理性的假设，对人们合作成本的研究，也需要基于对人们在集体行动中的行为特征的研究，一个关键的问题在于：人们是否都是自利的？奥尔森（2014）从完全自利者的假定出发，对集体行动的逻辑进行分析表明：有限理性的个人之间并不存在为了共同利益而主动合作的动机。而卡森（Timothy N. Cason）等人却认为，在集体合作行为中，“对等”才是一种普遍的社会心理，他的分析表明，在人群中仅有一小部分人是天生的

搭便车者，即完全自利者，还有一小部分是天生的合作者，即完全利他者，但大多数人都是位于这两者之间的相机而动的对等者，而对等者又可分为宽容对等者和不宽容对等者，合作或者不合作，更多地取决于对等者的行为选择（Cason，et al.，1999）。在两个不同的观点当中，本书更支持卡森的观点，也就是有限理性的个人实际上是具有互惠行为倾向的，这与新制度经济学关于人的双重动机的假设也是一致的：人们不仅追求物质利益最大化，也追求非物质利益最大化，而这种非物质利益有可能是从利他的行为当中实现的。也就是说，人的有限理性与机会主义所造成的搭便车行为仍然是造成合作成本的主要原因，但是，搭便车的现象并不是绝对普遍的。搭便车所造成的合作成本的大小与博弈当事人所组成的群体特征有关：当群体中具有低贴现率的天生合作者占比较大时，相机而动的对等者搭便车的概率降低，合作成本也较低；反之，当具有高贴现率的天生搭便车者占比较大时，对等者搭便车的可能性增大，合作成本也较高。搭便车所造成的成本还与正式或者非正式制度安排所塑造的社会环境有关：当对等者了解到搭便车行为将会受到严厉处罚时，对等者搭便车的概率较低，反之，对等者搭便车概率高，合作成本也较高。

因此，有限理性的个体并非如奥尔森所言完全不存在为共同利益而合作的动机，但不可否认的是，搭便车行为仍然是造成合作事后成本的不可避免的因素。事后成本的大小受群体特征和环境特征影响，任何情形下，合作成本控制的机制都是有必要的，需要结合具体情况来进行制度设计。

基于上述分析，人与人之间合作的冲突和矛盾主要源于人们对于他人存在搭便车可能性的担忧，以及由于信息不完全所导致的相对优势方的道德风险问题。因此，需要设计能够提供可信承诺的机制，以及对搭便车和违规行为进行监督和惩罚的机制，来控制合作的成本。

1. 信任机制

如果是在较为封闭的熟人社会的人格化交换关系中，仗着权威以及多次博弈机制的存在，使得熟人之间存在着相互信任的氛围，而共同的非正式准则使得人们能够了解关于惩罚的信息并且低成本地完成惩罚行为。但是，在现代乡村社会中，村民之间合作的性质处于人格化交换与非人格化交换之间，陌生人之间的以“一次性博弈”为主的非人格化交换中，信誉和共同准则不足以维持长期稳定的合作关系，需要在博弈过程中形成正式制度为当事人提供值得信任的承诺和易于日常施行的监督和惩罚机制。

奥斯特罗姆（2012）对大量长期续存的公共池塘资源自主治理的案例经验研究表

明：可信承诺问题和监督惩罚问题是在相互联系中解决的，事先同意遵守规则是一个容易做出的承诺，而事后在机会主义很强的情况下实际地遵守规则，才是有意义的成就。利瓦伊（Margaret Levi）提出了人们对遵守规则的承诺具有“权变”的性质：当人们在确定其他人也能做出类似的承诺并依此行事时，其也能保证遵守承诺（Levi，1988）。利瓦伊关于“权变式自我承诺”的观点与卡森关于对等者的论述是基本一致的：对等者们是否遵守承诺是权变的，影响他们履行承诺的关键在于天生合作者的数量和能力，更重要的是，是否存在监督和惩罚机制以增强对等者认为自己不是受骗者的信心。

2. 监督惩罚机制

从奥斯特罗姆的案例经验研究中发现，有效的监督和惩罚机制具有两个特征：一是内部强制性特征，二是监督的低成本。一般而言，人们通常认为合作的参与者自己不会实行相互监督，因此需要外部强制执行，然而经验事实证明，外部强制执行虽然也能给予人们自愿遵守规则的信心，但由于第三方的信息不对称问题，第三方介入并执行监督惩罚机制所需要的流程更复杂，比内部监督的成本更高。而低成本的内部监督是可以实现的：通过制度设计使得利益密切相关的个体之间可以直接接触，并能够在日常交往中无须附加资源投入就能够发现对方的违规行为，同时，将违规者由于行为不当而损失的“合作租”[①]分配给那些实施监督和惩罚行为的人，使得参与监督的个体能够获得一定的额外收益，将对内部主体主动参与监督行为产生制度激励。另外，分级制裁是有必要的。可以利用正式制度与非正式制度的共同准则对违规者进行分级制裁，因为对等者们可以接受一定比例的违规行为，在这一比例之内，对等者们仍然会继续遵守原有承诺，这一比例在不同环境中是不一样的，所以不必要对零星出现的初犯者大动干戈，真正会对承诺的可信度造成威胁的，是监督者们发现有人反复违规，这时才需要提高制裁的力度。

从新制度经济学的交易成本理论来看，乡村人居建设作为一种村庄公共品供给的活动，普遍存在着外部性问题，这种外部性会导致交易成本。因此，本书认为从理论层面来看，通过制度的激励与约束作用，创造合作的条件并控制合作的成本，促成村民之间的合作以及村民与其他主体之间的合作，激发乡村人居建设的内生动力是可能实现的。然而，由于不同主体参与合作的利益诉求不同、群体内部的特征以及群体所处的环境特征不同，合作所面临的成本千差万别。因此，在实践层面，

---

① 在青木昌彦（2005）的研究中，他用“组织租”来解释企业的特征，时磊、杨德才借用这一概念，提出合作之所以产生是因为具有“合作租”，“合作租”代表着来自规模经济、分工、协调的收益。参见：时磊，杨德才，2008. 合作与不合作：农村社区公共品供给中的多重均衡 [J]. 制度经济学研究（4）：177-196.

激发内生动力的难点和关键在于分析村庄公共品供给的治理结构和参与供给的主体特征、所处环境特征，找到“聚点”并控制合作成本。

3.2　促成合作的影响因素

制度对合作的影响机制是制度促成合作的理论逻辑，然而这四个影响机制要变为现实，必须充分调动有利于合作的客观存在因素。关于我国农民的行为秩序的影响因素，已有学者从不同视角展开研究。制度经济学的“制度—行为”[①]范式强调政策、法律、规章等乡土社会外部的正式制度显著影响了中国农民层级行为秩序的形成。比如黄宗智（2000）认为传统的中国小农是“受剥削的小农”，农民是法律和权力剥削的对象；徐勇等人（2006）提出“社会化小农”的概念，认为农民的行为受国家政策和社会制度的塑造，但同时又推动了国家政策和社会制度的变革。另外，在农民自发行为秩序的影响因素方面，伦理学基础上的道德主义范式认为，村庄的规范和道德伦理是农民行为的最高准则；经济学基础上的个人主义范式强调农民所掌握的信息、知识和法律也会影响农民的行为；而传统中国的“关系—行为”范式则认为社会系统或社会关系会影响中国农民的行为及其取向，其中比较有代表性的是梁漱溟（2017）的“关系本位”理论、费孝通（2013）的“差序格局”理论、许烺光（2017）的“情境中心”理论、杨懋春（2000）和杨国枢（2004）的“家族主义”理论。也就是说，中国农民的自发行为秩序会受到村庄规范和道德伦理、村民所掌握的信息和知识以及乡村社会关系等多重复杂因素的影响。接下来本书将对促成村民合作的制度与非制度因素进行理论分析。

3.2.1　制度因素

威廉姆森根据社会科学研究的层次，提出了“四层次”制度经济学分析框架，并且按照演变的时间频率，将人类社会中存在的庞杂的制度内容进行了分层梳理，各层次制度之间既有较清晰的研究边界也有相互之间的紧密联系（威廉姆森，2000；郑凯文，2019）。

第一层次是社会嵌入（Embeddedness），包括了自发形成的风俗、传统、社会规范

---

① 从政治学视角出发的“制度”的概念是相对狭义的，此处专指政策、法律、规章制度等具有外部强制性的正式规则。

等非正式制度，这一层次的制度变迁的周期极长，为100~1000年，因此在大多数研究过程中常常被视为给定的条件。对这一层次的制度进行分析通常需要运用社会学理论。

第二层次是制度环境（Institutional Environment），包括了产权、司法等正式的博弈规则。这些规则有的可以通过自发演化形成，但大多数是被人为设计出来的，因此这一层次制度变迁周期是比较长的，为10~100年。由于这一层次的制度涉及的是产权经济学和政治经济学的研究领域，对其进行分析就需要运用产权经济学和政治经济学方法。

第三层次是治理制度（Governance），即竞争规则，威廉姆森将治理结构区分为市场治理（Market）、层级治理（Hierarchy）和混合治理（Hybrid）三种结构，交易费用是治理制度的重点研究对象。这一层次的制度的变迁往往源于交易契约和交易属性的变化，其变迁周期为1~10年。对治理制度的分析需要运用交易成本理论。

第四层次是资源配置（Resources Allocation and Employment），即新古典经济学理论分析的价格机制，通过价格机制和供求机制实现边际最优。与资源配置有关的制度变迁是紧随市场变化而来的，是持续变化的。对资源配置制度的分析需要运用新古典经济学理论。

根据威廉姆森的“四层次”制度分析框架，本书将从非正式制度、正式制度、治理制度和价格机制四个方面，讨论影响人居环境建设的制度体系。

1. 非正式制度

非正式制度也被称为非正式约束、非正式规则，是指人们在长期的社会生活中逐步形成的对人们行为产生非正式约束的规则，如习惯习俗、伦理道德、文化传统、价值观念、意识形态等（卢现祥 等，2021）。非正式制度是在人类长时期人格化交易基础上逐渐形成的，人格化交易可以理解为熟人之间的交易，是在伦理本位社会基础上产生和发展起来的，是市场交换的早期形式，重复交易、拥有共同的价值观、缺乏第三方实施，是人格化交易的典型条件，市场交易的约束形式依赖于价值观、道德准则等非正式制度。非正式制度具有以下特征：在表现形式方面，非正式制度是无形的，它存在于人们的习惯和信念当中且没有被正式形成文字；从实现机制来看，非正式制度的运行靠的是个人的内在约束、心理约束、意念约束，不受外在强制约束的影响，对意念的约束是一种对“心”的强制力量，个人违反了非正式制度会受到良心的谴责和道德的批判，正如鲁迅（2006）在《狂人日记》里说的：“礼是会杀人的！”；在实施成本方面，非正式制度是在社会规劝之下人们自觉自愿地实施，实施过程既不需要设立专门的执行机构，也不需要设置专门的监督机构，因此非正式制度运行的过程几乎不花费社会成本；从制度的可移植性来看，非正式制度内嵌于社会传统和历史积淀，几乎不具有可移植性（卢现祥 等，2021）。

本书认为，费孝通在（2013）《乡土中国》一书中所言的“差序格局”就是中国乡土社会的非正式制度的总称：“差序格局是由无数私人关系构成的社会网络，网络的每一个结，都附着一种道德规范要素，所有行为的价值标准，都无法超脱于差序的人伦而存在。”差序格局是中国乡土社会的普遍特征，具体到每一个村庄还有其独特的村规民约，这些村规民约无论是有形还是无形，都应该属于非正式制度的内容，因为这些村规民约已经内化在村庄的社会习俗和村民的内心信念之中，其发挥约束力的机制都是对村民意念的约束。

社会资本是村庄社会中非正式制度的另一种表述。如果说差序格局体现了根植于文化传统与伦理道德的非正式约束，那么社会资本更强调社会网络中人与人之间的相互促进与相互制约。还有一些村庄历史上就具有村民互助的传统，比如互助建房的传统。这种传统也是一种非正式制度，它有助于督促村民继续保持合作的习惯。

李培林（2019）认为非正式制度在中国乡村得以发挥巨大而广泛的作用，是具有特殊条件的：①中国乡镇以下都是自治的空间，乡村历来是正式制度薄弱的区域，成为非正式制度生长的土壤；②中国正处于旧的正式制度被突破而新的正式制度尚未完全建立的时期，改革开放以来中国经济体制转变的过程中，出现了某些正式制度“缺位”的状况，使得非正式制度可以发挥更大作用；③具有工商精神的乡村地区，比如苏南、闽浙、珠三角地区，其市场活动长期嵌入非正式制度的社会网络，乡村工商业发展靠的就是传统伦理、家族网络和人情信用等非正式规则。传统的、乡土的非正式规则，正在发挥着促进乡村市场化、现代化的积极作用。

然而，我们也应看到，即使每个村庄都有共性的以及个性的非正式制度，可是村庄之间人们的行为与合作方式、乡村人居建设的模式和成效仍然呈现出较大差异，不可忽视的是正式制度和治理制度对人居建设活动的影响。

2. 正式制度

正式制度也被称为正式约束、正式规则，正式制度是人们有意识建立起来并以正式方式加以确定的各种制度安排，一般而言，正式制度包含政治规则、经济规则和契约（卢现祥 等，2021）。然而，按照威廉姆森的“四层次”制度体系，本书将契约这种具体的博弈规则划入治理制度，正式制度主要指宏观制度环境中的产权、政体、司法和行政等规则。

正式制度是伴随着非人格化交换而生的。随着专业化和劳动分工的出现，熟人之间的人格化交易不能适应现代化生产的需要，无法形成广泛的信任合作关系，于是陌生人之间的非人格化交易孕育而生。在非人格化交易中，双方信息不对称，市场交易以一次性为主，渐渐地人们的有限理性和机会主义成为影响交易的障碍。在这种情况下，传统的道德、习俗等非正式制度变得苍白无力，只有产权制度等成文的正式制度能够促使人们以合同的形式与陌生人进行交易（卢现祥 等，2021）。

正式制度一般是有形的、成文的制度，与非正式制度相反，正式制度的实现机制需要外在强制的约束，人们在外在强制的作用下必须遵守和执行这些规则，否则就无可避免地遭受纪律或法律的制裁；在实施成本方面，正式制度的制定和执行不仅需要建立一系列专门的执行机构，还需要建立专门的监督部门从而避免营私寻租等活动，因此正式制度的执行需要花费大量的社会成本；在制度的可移植性方面，具有国际惯例性质的正式规则是可以移植的，并且正式制度只有在与其嵌入的社会环境、环境中的非正式制度相互融合的情况下才能避免制度移植后的“排异现象”，非正式制度通过“路径依赖”制约着正式制度变迁。

影响乡村人居建设的正式制度主要包括以下方面：农村集体产权制度影响最深，特别是其中的集体建设用地制度、宅基地制度、土地流转制度会影响不同博弈当事人在乡村人居建设中获得的合法收益；城乡二元的户籍制度限制了城乡人口的自由流动，使得城市人口无法实现真正意义的下乡，农村人口也无法实现真正意义的进城，未来大部分农民将仍然留在乡村生活，农民仍然是村庄公共品的主要使用者；基层治理制度，即国家进行乡村社会治理的规则，比如项目制、一事一议的村民议事会规则等，基层治理制度决定了乡村治理路径和模式的合法性；乡村人居建设除了获得财政项目资金支持以外，国有银行的金融制度决定了能否获得正规渠道的金融支持。

3. 治理制度（实施机制）

卢现祥等人（2021）认为所有的制度在其形成之后都面临实施问题，制度实施既有自我实施，也有第三方实施。制度的实施机制即威廉姆森所言的治理制度。威廉姆森（2020）根据资产专用性的特征以及交易频率，分析了适合于不同情形的不同治理制度：市场治理、三方治理、双方治理、统一治理（即纵向一体化治理）。本书将村庄公共品的治理制度划分为政府治理、市场治理和自主治理，其中的市场治理是一种包含层级治理的混合治理结构。本书对与村庄公共品供给有关的制度研究的重点是在不同治理结构之下形成的竞争规则，即博弈当事人签订的合约，这种合约也具有正式制度的性质。本书将围绕这三种治理结构展开对村庄公共品供给活动中激发内生动力问题的讨论。

4. 乡村资源的价格机制

较少有学者将价格机制纳入“制度”的分析范畴，然而，价格机制这只“看不见的手”确实对作为资源所有者的博弈当事人的潜在收益造成持续的影响。乡村人居建设活动也会受到价格机制影响，比如盛极一时的乡村旅游景区开发，就是由于社会消费偏好的变化，使得乡村景观资源具有了增值的潜力，从而吸引具有相同利益诉求的个体投入到与资源开发相关的乡村人居建设活动当中。乡村资源的价格变化有可能成为乡村人居建设合作的“聚点”。

3.2.2　非制度因素

1. 乡村精英

“乡村精英”特指在乡村治理中发挥作用的精英，可理解为“在农村较有影响力、威信较高，可超乎私人利益，为公共利益、共同目标发挥带动能力的个人”（田原史起，2012）。王汉生（1994）将乡村精英分为政治精英、经济精英、社会精英，分别对应村干部、乡村企业家和宗族领袖。根据来源的不同，乡村精英又可分为本地精英、返乡精英和下乡精英，本地精英是指一直在乡村生活，对村庄情况非常熟悉的权威型、长老型人物；返乡精英是指那些走出乡村到城市中发展并取得一定经济成就之后重返乡村的村民；下乡精英是指城乡壁垒打破之后长期在乡村生活或者从事乡村人居建设活动的精英市民。纵观既有与村民合作有关的个案研究，几乎都能发现乡村精英在促成合作的过程中发挥的组织动员、担保协调等一系列作用。比如，在人居环境建设活动中，政治精英可以发挥规则制定、对外关系协调、项目申请等作用；经济精英可以发挥策划规划、运营管理、推广宣传等作用；社会精英可以发挥信用担保、约束监督、内部关系协调等作用。乡村精英是激发乡村内生动力的必要条件。

2. 自然灾害

自然灾害是一种非常特殊的但往往能起到颠覆性作用的客观因素。在村庄灾后重建的案例当中，我们往往能够或多或少观察到村民合作行为。比较典型的案例有汶川地震后“云村重建”案例中的村民互助建房，以及芦山地震过后普遍出现的村民自组织的灾后重建活动。

在乡村社会中促成村民合作并激发内生动力，一定是多重因素共同作用的结果。不仅包括正式制度变革和价格机制变化所带来的政策环境与市场环境等外因的介入，还包括村庄内部的治理制度对外界的回应，以及在所有这些背后的非正式制度因素，即深厚的乡土社会基础。同时，除了制度以外，人，特别是乡村精英与自然的因素也将对人们的合作行为产生直接而显著的影响。所有这些因素是如何被制度机制调动起来并最终促成合作的？这是需要在个案研究的章节中进一步解答的问题。

3.3 多路径并举的研究结构

3.3.1 多中心的公共物品治理结构

公共品治理存在着三种不同的路径："利维坦"、私有化和自主治理。学界围绕着这三种治理结构的争论推动着公共品治理理论的演进。早期的学者认为寻求自我利益最大化的资源使用者们造成了公地悲剧，人们是无法从自己营造的"陷阱"中自主解脱出来的。其中一些学者认为，避免公地悲剧只有运用政府的强制手段。例如，奥普尔斯（William Ophuls）认为，"环境问题无法通过合作解决……所以政府的强制性权力应得到普遍认可，公地悲剧只有在政府强制力作用之下才能避免"（Ophuls，1973）；提出公地悲剧理论的哈丁指出，"在一个杂乱的世界上，如果想要避免毁灭，人民就必须对外在于他们个人心灵的强制力，用霍布斯的术语来说就是'利维坦'，表示臣服"（Hardin，1978）。另一些进行政策研究的经济学家则以同样强硬的措辞要求在凡是资源属于公共所有的地方强制实行私有财产权制度。比如罗伯特·J. 史密斯（Robert J. Smith）认为，"无论是对公共财产资源所做的经济分析还是哈丁关于公地悲剧的论述，都说明避免公地悲剧的唯一办法是通过创立一种私有财产权制度来终止公共财产制度"（Smith，1981）。私有化治理的拥护者们关注的主要问题是当人们不愿意在公地实行私有产权时，如何强制实行之。然而，鲜有制度要么是私有的要么是公共的，或者说不是"市场的"就是"国家的"，许多国家的产权制度都存在着私有制和公有制的混合形式。

奥斯特罗姆并不认同人们将不可避免地跌入陷阱并不能自拔的假设，她并不赞同"利维坦"或者私有化作为解决公地问题唯一方案的主张，并认为现实场景中存在着许多不同的问题和不同的解决方案。奥斯特罗姆（2012）通过博弈模型分析，以及对大量长期续存的公共池塘资源自主治理案例的经验研究表明："尽管有许多人仍然痛苦地挣扎在自我建造的陷阱之中，但另一些人已经能够从公地悲剧的陷阱中解脱出来"。之所以造成如此差别，与特定群体的内在因素和外部环境有关。

长期以来，我国乡村人居建设存在着三种治理方式，政府供给、市场供给和自主供给，基本上可以对应上文所述的三种治理理念，并且印证了奥斯特罗姆提出的多中心治理理论。有显著不同的是，我国的乡村人居建设市场供给并非建立在私有化产权制度之上，相反，我国农村产权实行的是混合所有制，本书所研究的市场供给是指私人企业参与并主导了村庄公共品供给的过程，在此过程中排他性地获得了某些产品产出的权利。接下来，本书将基于国内学者对政府项目制供给、市场供给、村集体自主供给的相关研究，对三种治理结构进行理论分析。

3.3.2　乡村人居环境的政府治理

自 2003 年我国开始实行工业反哺农业、城市反哺农村的农业新政以来，我国在不断追加对“三农”财政投入的同时不断推进社会主义新农村建设、美丽乡村建设以及农村人居环境整治三年行动等一系列乡村人居建设运动。项目制之下的乡村人居环境政府治理成为各类“样板村”“示范村”的主要建设方式。然而研究者们一致认为项目制之下的村庄公共品供给面临着“最后一公里”难题（王海娟，2015），比如，项目落地时对基层激励不足（桂华，2014）、村庄社会分化与权力异化（曹海林 等，2018）、村民的切实需求长期无法满足等（李昌平，2017）。

项目制在县市以上层级运作的实质是上级委托给下级项目管理权，通过技术手段可以解决该委托环节中的监督问题，从而确保项目制在这些层级有效运行；但是项目制在县市以下的层级，就需要通过项目实施将项目资金转化为农民所需的公共品，基层政府在这个环节中的作用非常关键，其不但要负责项目管理，还要承担起与农民的沟通和对接工作，项目制落地难就难在这最末端的环节（乔翠霞 等，2020）。改革开放以来，基层政权的变迁引发官民关系的变化，特别是全面取消农业税之后加剧了这种变化，基层政府与所管辖村庄的村民之间的关系由全能型资源控制转变为有限的资源控制。基层政府在兼具“盈利型”和“保护型”经纪人特征的村干部（Duara，1988）、具有土地财产用益物权的村民之间互动博弈时，有可能出现治理者与被治理者强弱关系的“倒置”，基层政府这一制度结构上的强者有可能成为微观场景中的弱者（吴毅，2018），但凡在政府需要村民配合而村民自身又缺乏积极性的活动中，常常能观察到这种强弱关系的“倒置”现象，比如，在乡村人居环境建设活动中，基层政府对市场主体和村民、村干部的妥协退让现象：在乡村人居建设项目初期尽可能为市场主体提供启动资金，事先要让村民看到参与的好处，同时还得尽可能承担所有风险和交易成本。此外，自 20 世纪 80 年代以来的市场化改制和分税制改革改变了乡镇基层政权运作的特性，追求可支配财政收入的增长成为乡镇政府的主要行为目标（刘世定，1995），成为“地方政府公司”的基层政权失去了集体化时期供给公共物品以促进农业农村发展的强大激励（邓宏图 等，2017）。基层政府参与村庄公共品供给的交易成本太高而制度激励不足，使得基层政权逐渐悬浮于“三农”之上。

政府治理的治理结构中，如果没有办法解决基层政府与村民之间的沟通和对接的交易成本问题，那么作为村庄公共物品供给者的基层政府与作为主要使用者的村民之间将会缺乏正常的沟通渠道，这会造成村庄公共品供给与真实需求的分离，并导致脱离村民实际需求的乡村人居建设的结果。

3.3.3 乡村人居环境的市场治理

针对政府治理中供需错位的问题，“市场派”的学者们认为应该引入市场化的私人供给模式，从而调动社会的内部积极性，通过市场竞争提高公共品供给的效率并实现供需匹配（林万龙，2001；张军 等，1998）。然而，我国乡村资源所有权归集体，土地、宅基地等重要资源的用益物权归农户的特殊产权规则，使得村庄公共品供给需要集体成员共同决策，需要平衡集体利益与成员利益，完全依靠市场机制解决公共品供给问题具有一定难度。纯粹的市场治理仅仅适合于诸如水利设施这类具有一定排他性，并且能够为供给主体带来经济收益的准公共品。大多数情况下，村庄公共品的市场治理离不开政府的监督和协调。

以乡村人居环境建设为例，21 世纪初资本下乡的热潮使得市场治理成为与空间资源开发运营相关的乡村人居环境建设的一种主要方式。然而，市场治理并不意味着村庄空间资源开发的完全市场化，市场治理离不开政府财政、治理手段的激励与约束。人居环境的市场治理经历了两个阶段，第一个阶段是项目制之下的招商引资阶段，也就是俗称的“资本下乡”阶段。国家转移支付的项目资金经由基层政府整合，以惠农政策和支农项目等方式直接注入了下乡企业，而这些资金大部分流向了与资本盈利有关的扩大再生产项目，真正用于改善民生、改善村庄环境与设施的资金少之又少（焦长权 等，2016）。另有一些企业只是为了“下乡圈地”和获取政府补贴，并未将资金用于扩大再生产。也就是说，市场主体在参与村庄公共品供给时，其追求利润最大化的基本动机与公共品供给的公益属性之间存在一定的张力，这种情况下，私人暴力等各种失序行为有可能引发市场主体与村民之间、村民与地方政府之间的矛盾，并销蚀国家在基层的合法性（安永军，2020）。第二阶段是“三变”改革的制度创新优化了市场治理。“三变”改革是一种产权制度及股份合作制度创新，其内涵是将乡村的“资源变资产、资金变股金、农民变股民”。在“三变”改革的制度框架之下，公共品的市场治理发生了变化：国家对“三农”的财政投入被转化为村民与村集体的持有股，而不是直接注入下乡企业；通过农村集体资产清产核资、成员界定与股权量化，明确了村民与村集体在资源资本化开发过程中的应得利益。如此一来，财政资金尽可能投入到村民所需的公共物品生产当中，并且由于市场主体、村民、村集体之间签订了正式契约，避免了私人暴力等各种失序行为。

因此，市场主体与地方政府往往形成利益联盟，促成一种“利维坦”的政府项目制治理与市场私有化治理混合的治理结构。这种混合治理结构的主要问题在于极易产生政府与企业之间的分利秩序以及企业的权力寻租行为，如果缺乏村民与村集体的介入与监督，市场治理仍然无法避免原来应该用于村庄公共物品生产的项目资金投向私人资本扩张的领域。然而，一旦村民与村集体介入市场治理的监管，如当前的“三变”改革当中，村庄公共品供给就面临着市场主体、地方政府与村民之间利益博弈的交易成本问题。

综上所述，无论是政府治理还是市场治理，都存在着交易成本阻碍了符合村民真实需求的村庄公共品生产的共同问题。这种成本包括外部主体与村民之间沟通协商的成本，也包括对地方政府以及市场主体的监督成本。从理论层面来看，一种可能的办法在于通过提高村民的组织化程度并组建村民与外部主体之间的协商平台，以村社内部的组织成本替代交易成本，并辅以有效的控制事后成本的制度设计，在村民合作的基础上促成村民与外部主体之间的良性合作，从而规避村庄公共品供给的“双重失灵”。也就是说，激发内生动力的自主治理，是形成多中心治理结构的关键所在。

然而，正如奥斯特罗姆（2012）所言，“自筹资金的自主治理也不是万应灵药”，以村民合作为基础的自主治理，在我国现代乡村经济社会语境之中，也面临着困难和局限。

3.3.4　乡村人居环境的自主治理

村民自主建设历来都是我国乡村人居建设的主要方式，中华人民共和国成立之前，小农户被自发组织在熟人社会的关系网络之中，在乡绅与宗族势力的影响与带动之下，渐进地改造村庄环境。中华人民共和国成立之后，自筹自建的乡村人居建设方式仍然在集体化时期与乡村工业化时期得以延续。

然而，自从家庭联产承包责任制成为农村基本经济制度之后，我国农村土地资源的所有权归集体、用益物权归农民个人，小农经济模式下细碎的农村土地呈现出更分散化的特征，并且在这种特殊的混合所有制产权结构之下，局部资源的用益物权合法转让可由农民个体决定，涉及集体资源整体性开发的事务则属于村庄公共事务范畴。在村庄公共产品供给的过程中，由于私人用益物权的存在，必然会发生集体利益与私人利益相矛盾的情况。

并且，20世纪90年代以来，我国市场化与城镇化快速发展，农业剩余劳动力和乡村精英外流；农业劳动力与土地的关系也发生了变化，少数农民“离土又离乡”、大部分农民呈现出“半工半耕”的状态；农民相互之间的关系也发生了改变，日渐缺乏密切往来的必要性，农民之间缔约首要考虑的因素由“血缘”“地缘”变为“有利可图”。根据贺雪峰（2013）的研究，我国乡村社会结构出现了显著的南中北差异，聚族而居的华南地区村庄其社会结构与血缘结构合二为一，是“团结型村庄”；长江流域的中部乡村，村庄边界较为开放，村民流动性强，村庄缺少能够在内部治理中发挥作用的结构性力量，是“原子化村庄”；华北地区村庄往往有众多以血缘为基础的分裂结构，被称为“分裂型村庄”。也就是说，除了华南地区以外，我国大部分村庄边界是开放的、人口是流动的，中国乡村社会正变得日益原子化。

另外，我国分税制改革之后开始施行“村财镇管”，农村税费改革之后，基层政府无法继续通过“三提五统”向农民收取费用，为了弥补由此造成的村庄基础公共品供给的不足，国家通过转移支付的方式加大了对“三农”的投入。但国家向农村转移支付要么直接转移给农民，不经过干部和村集体的手；要么通过“条条”专政，通过申请项目立项建设。如果村庄不具备可开发的资源，那么村集体彻底没有“财权”，很难实现村庄公共品自主供给。村民了解村集体的这种状况，他们对村庄毫不关心，谁当村干部村民是无所谓的，遇到需要解决的棘手问题，村干部只能通过与村民“拉关系”来解决，因此，大部分的中国乡村既无“财权”也无“治权”。

在这种“人、地”分散、“财、权”尽无的困境之下，传统的自筹自建的乡村人居建设方式面临高昂的交易成本，已无法成为现代乡村人居建设的独立路径，特别是对于中西部原子化的村庄而言，单靠农民是无法实现乡村振兴的，需要多元主体共同参与。因此，普通村庄如何在地方政府、市场主体等多元主体介入的情况下促成村民合作并激发乡村人居建设内生动力，实现围绕村庄公共品自主供给活动的多中心治理，是本书的核心议题。

3.4 乡村人居建设内生动力制度逻辑的分析框架

围绕普通村庄如何在乡村人居建设政府治理、市场治理的路径下促成村民合作

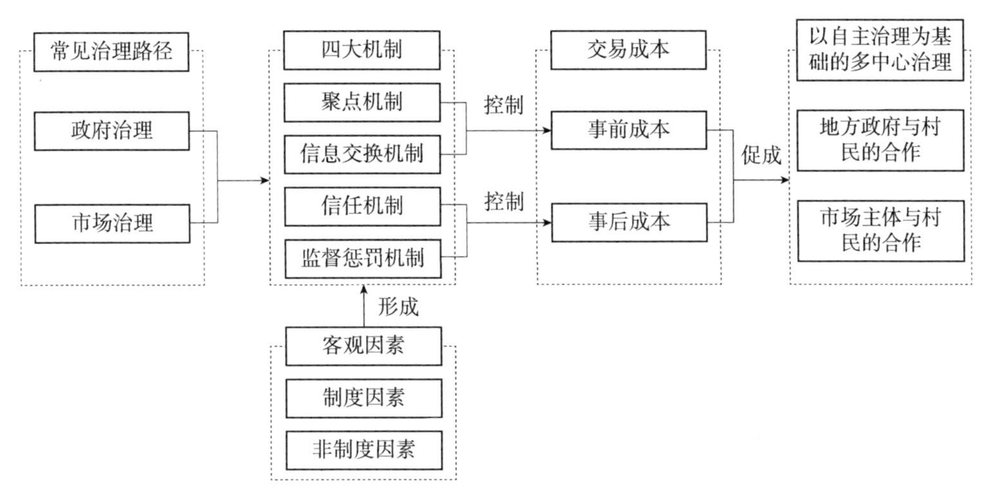

图 3.1　乡村人居建设内生动力制度逻辑的分析框架

并形成多中心治理的核心议题，本书在理论研究的基础上总结出通过四大机制激发内生动力的分析框架，如图 3.1 所示。该框架包含以下主要内容：

（1）从科斯的社会成本理论出发，本书推断：当我们将激发内生动力的过程解读为人与人之间合作的过程，那么内生动力的阻力将来自人与人之间合作的成本，而激发内生动力的关键就在于控制合作的成本；在乡村人居建设中，人们之所以选择不合作，是因为合作的交易成本太高，以至于合作的收益无法对参与者形成有效的激励；只有当合作所产生的收益正好符合人们的利益诉求，而合作的成本又能够控制在人们所能接受的范围内时，合作才有可能发生。

（2）基于威廉姆森将交易成本区分为事前成本（缔约成本）和事后成本（履约成本）的基本认识，本书提出通过聚点机制和信息交换机制，让合作的参与者们能够形成对合作收益的预判，从而控制合作的事前成本，创造合作的形成条件；通过建立信任机制和监督惩罚机制，将合作的事后成本控制在参与者们可接受的范围内，从而保障合作的持续顺利进行。

（3）四大机制是制度促成合作的作用机制，但机制的形成并发挥作用，需要调动一系列制度与非制度因素，制度因素包括正式制度、非正式制度、治理制度、价格机制，非制度因素则包括乡村精英、自然灾害、村庄的区位交通条件等。

在第 5 章至第 7 章的个案研究当中，本书将遵循这个理论分析框架，对政府治理、市场治理之下的乡村人居建设中，激发内生动力并形成多中心治理的制度逻辑进行深入探究。

第4章

制度变革下我国乡村人居建设内生动力的历史演变

本章将区分传统农业时期、集体化时期、改革开放初期、全面市场化时期、反哺“三农”时期这五个历史阶段，对宏观制度变迁影响下的我国乡村人居建设活动中的内生动力演变的历史脉络进行梳理；并结合明星村的成功经验，分析进入乡村振兴时期以来农村集体产权制度改革、农村集体建设用地改革等重大制度变革对激发内生动力的影响。

4.1 乡村人居建设内生动力的历史演变

根据威廉姆森的“四层次”制度分析框架，非正式制度的变迁过程是非常缓慢的，需要经历成百上千年的时间。本章假定在研究的时间跨度范围内，我国乡村的非正式制度变迁是不显著的，主要研究不同历史阶段宏观正式制度变迁的历史脉络，以及在相应历史阶段我国乡村人居建设内生动力的普遍状况。

4.1.1 传统农业时期内生动力长期续存

1. 传统农业时期的乡村制度环境

在我国传统社会中，虽然各时期社会的组织形态不同，但其根本的运行机制是较为一致的，概而言之，中央集权制是我国传统封建社会的基本政治制度。在秦始皇建立郡县制之后，地方贵族的权力全部归于中央，中央委派官员对地方进行管理，从而使得中央对地方的权力控制得以实现。在这种体制之下，中央指派的官员只管理到县这一层级，因此，学者们普遍认为中央集权对地方的控制并没有延伸到百姓日常生活的领域。但鲁西奇（2019）却认为，专制主义王朝国家通过自上而下地建立三大制度，即田制、户籍、乡里制度来控制乡村。本书认为这三大支柱制度构成了传统乡村的外部制度环境。

（1）历代政权都非常注重田制。“土地问题影响于国计民生至巨”（万国鼎，2011），因为国家靠田征税，田地是国家财政之源，也是百姓民生之所在，所以保障大部分民众有田可耕，有地可种是统治阶级对乡村进行控制的首要目标。历朝历代对田制的规定有三大原则，第一是国家尽可能掌握土地的支配权；第二是限制臣民占有田地的数量，即“限田”；第三是照顾、救济贫穷卑微之人，抑制豪强无穷的欲望，即“均田”（鲁西奇，2019）。在人人有田可耕的均田制度之下，传统乡村社会普通百姓之间社会分化程度是非常低的，人与人之间具有相似的农耕文化与农耕习俗，这是传统乡村社会中人与人之间合作的制度和文化基础。

（2）编排户籍，将民众纳入王朝国家的户口控制系统，控制其人身。自战国时期以来，中国乡村社会就开始实行户籍的编排、登记与管理制度，户籍制度的运行确保了集权制国家的军事、治安、赋役等活动的实现，使得中央实现了对百姓的全面控制，为后来的中央集权制度的形成奠定了基础。

（3）在县以下的地区建立乡里制度，包括里甲制度和保甲制度，它是针对县以下乡村地区的、以赋役征发和治安管理为主要内容的行政管理制度，是中央控制、管理乡村地区及普通百姓的制度安排（鲁西奇，2019）。在乡里制度之下，乡村地区形成乡里组织，将分散的农民完全纳入国家的管控体系当中，并由这些乡里组织负责征税、徭役、治安管理，间接地执行国家权力（赵秀玲，1998）。乡里制度既是历代政权实现其社会控制的主要制度性安排，也是国家权力在县级政权以下的延伸，是“下县的皇权”（鲁西奇，2019）。

（4）除了田制、户籍、乡里制度等正式制度以外，非正式制度也会对乡村社会进行控制，比如礼制文化、宗法等级和地方习俗。因此，中国传统乡村的治理制度是在国家权力与民间秩序互动之下的有限自治（贺龙，2016）。

2. 民间组织是乡村公共事务治理的主体

在乡里制度和宗法等级制度的共同作用之下，乡村社会治理是由民间组织来完成的，乡里组织、宗族、士绅阶层是传统乡村公共事物治理的三个不同的主体（贺龙，2016）。乡里组织是在乡里制度运行的产物，是中央权力的执行者，其主要负责为国家征税、摊派徭役和教化乡民。而士绅和宗族则是乡村社会治理的强有力组织，他们作为基层权威控制着地方区域的内部事务，比如在社会治理方面负责调解纠纷、资助孤老病残；在乡村人居建设方面一般是由乡绅或者族长发挥乡土社会非正规制度的规范与约束作用，在多次建设活动当中，村庄内部自发形成一系列管理和控制乡村人居建设活动的规范，在士绅和宗族的日常监督之下，村民按照这些内部非正式规范进行建设活动，如铺路修桥、兴修水利、兴办学堂等。总之，士绅和宗族在保持古代乡村社会稳定、维持村庄建设活动正常运转中发挥了关键作用。

3. 传统乡村自主建设中的内生动力

传统乡村的建设活动以自主建设为主，国家一般极少介入乡村建设的具体事务，只有需要大量资源投入的大型公共基础设施建设和维护，国家会征发民众的劳动力资源。而其他大部分的建造活动，则在宗族和士绅阶层组织实施和管理。因此，传统乡村自主建设活动，特别是与人居建设密切相关的建设活动，很大程度上是一种有组织、有秩序的族群集体行动，也就是说，延续数千年的乡村自主建设是在内生动力的作用下实现的。传统乡村自主建设的内生动力体现在以下三个方面。

（1）传统乡村的自主建设活动具有独立统一的组织管理体系。乡村自主建设活动与其他公共品供给活动一样，都是由宗族和士绅阶层进行组织管理的。在封闭性的传统社会中，人们基于稳定传递的内部价值观，村民按照约定俗成的建造规范，在士绅和宗族权威的日常监督下进行乡村人居建设活动。村民会为村庄公共品供给活动进行筹资，资金一般来源于族田产生的收益，个体村民也需要根据家庭受益面积和人口数量来进行摊派出资，出资方式可以采用货币出资和投劳抵资（贺龙，2016）。

（2）传统乡村的自主建设活动采取互助合作的建设方式。长期稳定的社会结构和生产关系，以及人与人之间具有相似的农耕文化与农耕习俗，使得互助合作建设方式长期存在于我国传统的乡村社会。在传统农业社会中，由于生产力低下，村民为了应对自然灾害而产生了相互依赖的紧密社会关系，这种密切的相互依赖的关系最终引发了“互助”，这种互助体现在建房、农耕等方面。换工就是一种在房屋建造方面的互助行为，换工行为是村民互惠倾向的具体表现，这种行为甚至还能促成村庄的集体行动，换工的建房方式使得房屋建造成为一种社会交往活动，在这种村庄成员的多次重复合作当中，人与人之间实现了相互了解，村庄社会凝聚力得到增强（贺龙，2016）。

（3）传统乡村的自主建设是一个村庄内部多元主体参与的建设过程。参与传统乡村人居建设的主体主要有三类：一是村民，他们是村庄空间的使用者和建设者，参与传统乡村人居建设的整个过程；二是匠人和风水师，匠人具有特殊的建筑建造技艺，而风水师在选址与择地方面发挥作用；三是士绅和族长，他们以村庄权威的身份组织和协调村民的建设活动，使得传统乡村人居建设得以有序推进。在传统乡村自主建设过程中，以上参与主体是各司其职、密切配合的。传统乡村的自主建设活动体现了多元主体之间的合作博弈，在每一次合作中，乡村社会资本不断积累，集体行动的能力也不断增强，从而维系了数千年的乡村自主建设活动。

4.1.2 集体化时期高度组织化的内在动力

1. 制度变革与制度激励

中华人民共和国成立之初，为了迅速改变经济落后的局面，我国开始实施重工业超前发展的战略。当时，工业化原始资本要素极度稀缺，国家工业化对于粮食和工业原料的需求与落后的农业生产之间的矛盾日益尖锐（许经勇，2009），需要通过推动农村集体化制度变革来解决这一矛盾（张银锋，2013）。我国从 1958 年开始进入集体化农业大生产阶段，集体化的制度有助于降低国家与农民之间的交易成本，便于从“三农”抽取剩余产品，积累工业化原始资本；通过高度集中的生产资料公有制以及“政社合一”的管理制度设计，有助于统一安排农业经济活动、统一进行农业基础设施建设，实现农业的规模化生产；集体化制度变革实现了农民收入分配的平均化，让那些不具备农业致富能力的农民在集体化初期也能够分享制度红利，有利于获得大多数农民的支持；另外由于事前完成了农村土地制度改革，使得推动集体化制度变革的动员成本以及消除旧制度的成本极低。

2. 国家（中央政府）成为主导乡村人居建设的主体

从国家财政对“三农”的支出和农业税征收的情况来看，中华人民共和国成立后到 1958 年之前，国家对“三农”的财政投入是持续增加的，但同时国家通过不断加大征收农业税的比重获取农业生产的剩余利润；1958—1968 年间国家对“三农”财政投入先增后减，农业税征收利润保持在 30 亿元左右；1969 年之后，国家大幅增加对“三农”的财政投入，改善集体化后半段农业生产率下降的状况促进农业增收，如图 4.1 所示。另外，从国家财政对“三农”的支出构成来看，该时期的“三农”支出以支持农业生产和农业基础建设为主，并且相对之后的阶段而言，该时期国家财政对农业基础建设的支出占比是最大的，如图 4.2 所示。因此，国家财政投入是推动集体化时期乡村人居建设的主要动力。

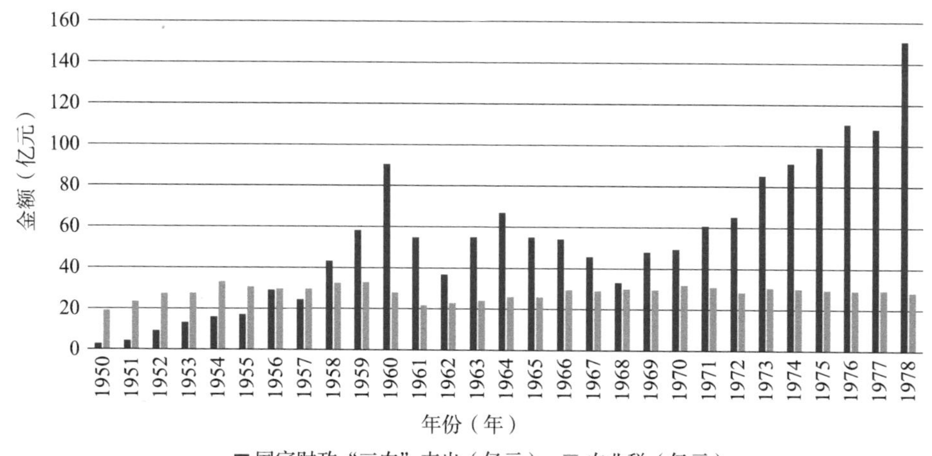

图 4.1　改革开放前我国财政“三农”支出与农业税的变化

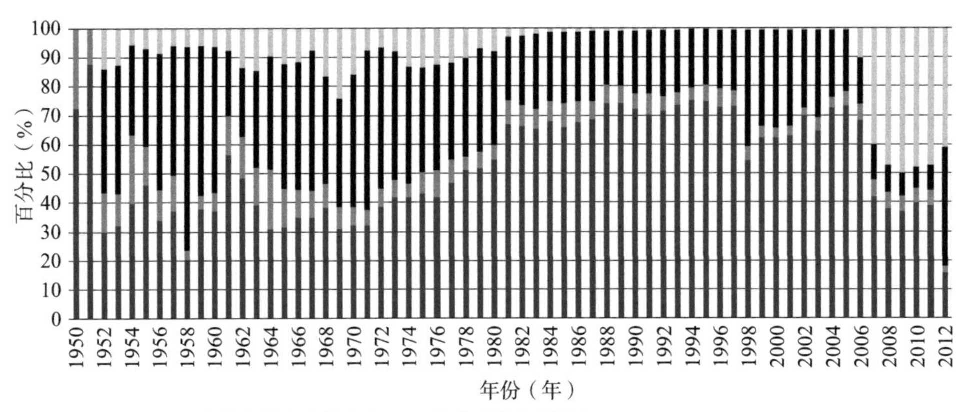

图 4.2　1950—2012 年国家财政“三农”支出的构成变化

3. 高度组织化的内在动力

集体化制度将农民组织起来，以合作化的方式进行农业生产和乡村人居建设，从该时期开始我国农村土地产权划归集体所有，并由集体统一经营，改变了以小农生产为特征的农业生产方式和村社内自主建设的传统乡村人居建设模式。1961 年正式确定了“三级所有，队为基础”的乡村社会的基本组织架构，由 20~30 户农户构成的生产队成为基本的生产单位和核算单位，由生产队对成员进行直接管理。与传统乡村社会的合作主要利用非正式制度进行约束不同，该时期采用“工分制”这样一套正式规则，对成员的合作行为进行约束和激励，工分制使得他人的决策不再进入个人的决策函数，有效解决了村民在合作中的搭便车和外部性问题，影响公共品供给效率的原因转化为集体与个人之间的道德风险问题（邓宏图　等，2017）。在工分制的实际运行中，公社通过预先记录工分、年底发放报酬的方式，以时间差提取资金来分摊物质成本，同时通过增加工分量、降低工分值及行政手段集合大规模劳动力来分摊人工成本（周绍斌　等，2016）。该时期公社成员集体行动创造了村庄公共品供给的诸多奇迹[①]。

从全局和整体来看，在国家工业化起步阶段，采取农业支持工业的策略是有必要和有效的。但是集体化时期以行政命令代替经济规律的做法削弱了农民的生产经

① 这一时期全国修建了大量水库、灌溉水渠等水利公共设施。最著名的当属河南林州红旗渠，该工程历时 10 年，共削平了 1250 座山头，架设 151 座渡槽，开凿 211 个隧洞，修建各种建筑物 12408 座，挖砌土石达 2225 万 m^3，红旗渠总干渠全长 70.6km，被誉为世界水利第八大奇迹。

营自主性，制约了农业生产力的发展（韩俊　等，2012）。集体化期间，农民从集体经济组织分配的年收入增长缓慢，城乡居民年平均消费水平差距扩大，1957—1978年的 21 年间，农村人口平均从集体经济组织分配的现金收入只增加 4.77 元，年均增加 0.23 元；农民和非农业居民之间的年平均消费水平比例由 1957 年的 1 ∶ 2.6 扩大到 1977 年的 1 ∶ 2.9（陈锡文　等，2009）。1953—1985 年全国预算内的固定资产投资共 7678 亿元，平均每年 239.94 亿元，大体相当于每年的剪刀差绝对额，可以说，30 多年来国家工业化的投资主要是通过剪刀差取得的，是剪刀差奠定了中国工业现代化的初步基础（严瑞珍　等，1990）。集体化后期，农业生产资料产权制度缺失的潜在风险显露出来，农业生产激励成本与监督成本畸高导致了生产率下降（张银锋，2013）。为了应对农业生产几近停滞的严峻形势，1978 年开始，少数基层生产队开始推进农地包产到户，新一轮制度变革开始。

4.1.3　改革开放初期内生动力全面激活

1. 制度变革与制度激励

1978—1982 年，包产到户这套能有效地增加农业产量的办法逐步得到国家的合法性承认，集体化制度逐步被家庭联产承包责任制取代。1983 年，政社合一的人民公社全面解体，基层组织除了在名义上拥有土地的所有权以外，传统意义上的“集体”经济职能已大大弱化（韩俊　等，2012）。从当时资本全球化与我国发展的阶段性特征来看，20 世纪 70 年代初开始我国不断引进西方的设备和技术所产生的债务转化为 70 年代末期近 200 亿元的财政赤字，扩大再生产的财政资金不足，而农业相对于工业而言显得愈发不经济[①]，亟须大幅度削减“三农”开支。有研究指出，一方面，家庭联产承包责任制等一系列制度改革，使得国家在让渡土地和其他生产资料所有权的同时抛出维持基层政权运行以及为农民提供公共品的财政负担，降低了国家在农业领域的财政压力（温铁军　等，2016b）；另一方面，包产到户作为一个“增加的产量归农民”的合约（周其仁，2017a），刺激了农民进行农业生产的积极性，同时还带动了乡村工业化的发展，乡镇企业成为我国出口创汇的重要力量，中国制造开始走向世界市场。

---

① 农业相对不经济的含义是需要投入的成本太高，而收益相对太少。中国自 1972 年开始从欧美日等国家和地区引进化肥、农机等支农工业，并将产品统销到农业，导致农业生产成本大幅增加，同时统购的农产品价格却保持不变，尽管粮食单产增加，但人民公社却是在高负债低效益中运行。到了 20 世纪 70 年代末，我国农业由于长期被提取剩余利润而严重亏损，相对于工业而言显得愈发不经济。

2. 村民再次成为乡村人居建设的主体

国家把乡村资源支配的权利交还给农民和村集体之后，农户成为农村资本投入的绝对主体。由于家庭联产承包责任制的激励作用，农户在农业生产和房屋建设方面投入了大量资金。我们以国家对“三农”的财政投入、农户和非农户的固定资产投资情况来描述各主体对农村的资本投入结构，如图 4.3 所示，发现 1981—1990 年，农户在所有主体之中对农村投入的资金占比最高，在 55%~57% 之间。此外，国家对农村的财政投入逐年递减，1981—1990 年国家对“三农”的财政投入占比由将近 30% 下降到 13.9%，特别是对农业基础建设的投入占财政投入的比重显著减少，由 1972 年的 48.3% 下降到 1982 年的 24%，国家财政对“三农”投入的主要方向转为支持农业生产。所以这个时期，农户具有扩大家庭农业生产的强烈投资需求，成为推动乡村空间变化的主要行动者。

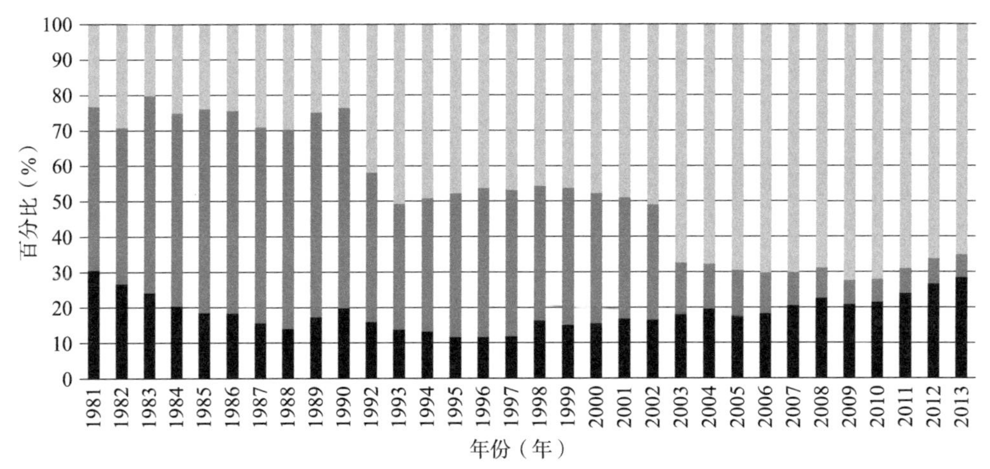

图 4.3　改革开放之后国家财政、农村居民与非农户对农村的投入占比

3. 内生动力作用下的乡村空间扩张与乡村工业化

20 世纪 80 年代初期，国家开始逐渐退出基层农村的政治经济事务，在重新确立的农村基本经济制度之下，农村土地作为最重要的农业生产资料由完全公有制转变为两权分置，村集体拥有农村土地的所有权，而农民拥有农用地的承包权以及宅基地的资格权。农村的经济秩序开始由计划经济向市场经济转变，乡村社会秩序由以集体为基本单元还原为以家庭为基本单元，乡村治理秩序由大队管理转变为村民自

治，基层政府也由汲取型、执行型政府转变为给予型、发展型政府。在这一系列产权、社会秩序重建的影响下，农民的自主性和能动性得到增强。

为了适应乡村由集体生活还原为家庭生活以及集体化农业生产还原为家庭化农业生产的变化，全国大多数村集体不仅将农业用地包产到户，还重新划分了宅基地，该时期农民开始大量建设宅院。再加上，20 世纪 60 年代生育高峰出生的人口已到适婚年龄，农村宅基地迅速扩张。

另外，该阶段农民的自主性和能动性不仅体现在乡村人居建设方面，还体现在乡村工业建设方面。改革开放后的 1984—1988 年之间，乡村工业化发展的物质基础和外部条件有了很大变化：一方面，“包产到户”使得农民进行农业生产的积极性得到增强、生产效率得到提高，由此带来农民收入的激增并使其具备了进行投资的能力；另一方面，人民公社解体之后，宽松的政策环境使得农民和村集体自主创业成为可能（于秋华，2012）。体制改革的深化和政策的不断调整，使得在当时国家财政和金融系统并没有足够资金用于支持乡村工业发展的情况下，村社通过内部积累实现乡村工业化的起步，并且呈现出“异军突起”的超常规发展态势。内部资本积累表现在农村土地由一产转化为二产的增值收益、应支未支的农民福利和社会保障资金、农村劳动力应得报酬与实得报酬之间的差值、乡村企业家的风险收益和管理者劳动剩余（温铁军，2011），这些乡村内部积累的资本金是无法进入官方统计数据的，但如果没有这些潜在的资本投入，乡村工业化难以起步。正是因为依托村社集体组织进行资源配置，该时期乡村发展呈现出在地化特征：农民既不离土也不离乡，实现多种业态在乡村整合，乡村发展的内生动力全面激活。1992 年的邓小平南方谈话和中共十四大高度肯定了乡镇企业，确认乡镇企业是“中国农民的又一个伟大创造”。有研究表明，1984—1988 年间，乡镇企业数量由 606.5 万个迅速增加到 1888.2 万个，企业总产值由 1709.9 亿元增加到 6495.7 亿元（宋洪远，2008）；1987 年乡镇企业产值首次超过农业产值（农业部乡镇企业局 等，2008）；1988 年，乡镇企业总产值占全国社会总产值和农村社会总产值的比重分别为 24% 和 58%（宋洪远，2000）。改革开放后约有 1.5 亿农村劳动力陆续转移到乡镇企业就业，并且大大增加了农民的工资性货币收入，以及股金分红收入、承包和租赁乡镇企业的收入。

乡村工业的兴起使得大量农村土地从农业生产转化为第二、第三产业用地，耕地面积由 1979 年的 99498 千公顷锐减至 1989 年的 95656 千公顷，减少了 3842 千公顷，如图 4.4 所示。因此，在改革开放初期，我们可以观察到内生动力的双向性：在提高农业生产效率和乡村工业发展方面起到了正向的作用，但是宅基地的无序扩张和乡村工业用地的超常规扩展（于秋华，2012）对乡村生态环境和国家粮食安全产生了影响。

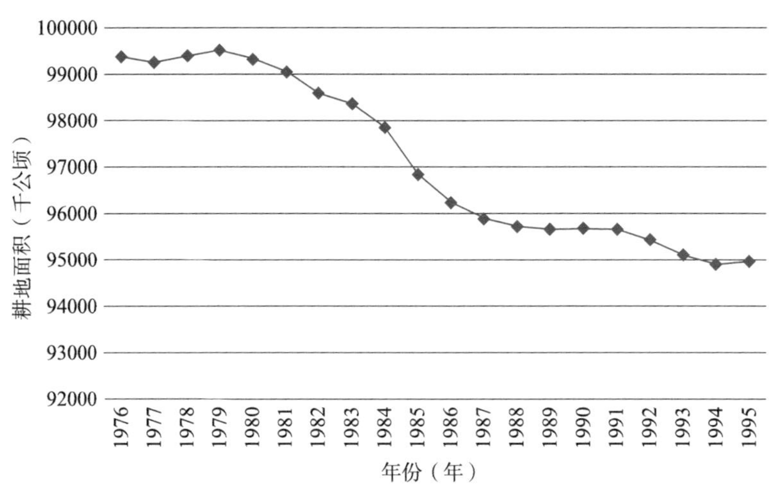

图 4.4 改革开放之后我国耕地面积的变化

4.1.4 全面市场化时期内生动力逐渐衰落

1. 制度变革与制度激励

20 世纪 80 年代末的价格闯关导致物价飙升、实体产业生产停滞，同期又遭遇了西方国家大规模对华撤资，资本稀缺的国家工业化需要放开国内资本市场，同时，巨额债务与增发货币造成的通货膨胀再一次引发危机（温铁军，2013）。为了缓解财政危机，该阶段的制度供给不仅需要继续削减“三农”开支，还需要在市场化的过程中进一步调整中央与地方事权、财权关系从而减轻中央财政负担，同时放开房地产市场，释放土地红利（周其仁，2017b）。1994 年我国开始推进分税制财政体制改革，财权不断上移的同时村庄公共品供给任务被下放给农村基层组织承担，出现了中央政府和地方政府之间财权与事权的不匹配，此后，中央政府主要采用专项资金的方式调动基层政府为村庄提供公共品的积极性。另外，以 1998 年修订的《中华人民共和国土地管理法》出台为标志，土地征收制度得到国家承认，在很长一段时间内，土地征收制度使得农村集体土地只能通过国家征收、地方政府土地批租合法地转为非农用途。土地红利对于农村基层政府而言是利用征地补偿款的初次分配权获得一定的经济回报，对于地方政府而言是通过垄断土地一级市场获取土地出让金与征地成本之间的差额增加地方财政收入（周其仁，2017b）。土地财政成为地方政府弥补财力缺口、突破预算约束的最佳选择。该阶段的农村经济制度供给一方面是通过“财权上收、事权下放”继续降低国家财政在为地方及农村基层提供社会公共品方面的开支；另一方面是通过土地征收制度的供给认可了地方政府获取土地红利的合法性，缓解了分税制改革给各级地方政府带来的财政压力，有助于维持治理稳定。

2. 社会资本对乡村建设的投入迅速增加

全面市场化完成之后，各主体对乡村建设的投入发生变化，①国家对农村的财政投入占比下降到最低水平，国家对农村的投资方向仍然是支持农业生产。②该阶段农户对农村的固定资产投资仍然以扩大生产和建房为主，但占比有所下降，且农户的生活消费支出远远超过了生产支出。③非农户对农村的固定资产投资显著增加。城乡全面市场化改革以及分税制改革之后，“地方政府公司”[①] 需要进行原始资本积累，开始扩大招商引资规模，从统计数据看，1990—2000 年非农户对农村的固定资产投资占比由 23.6% 迅速增长到 47.8%（图 4.3）。特别是 20 世纪 90 年代中期在全球产业和资本扩张的影响下，来自马来西亚、新加坡、韩国等周边国家的外资大量进入沿海地区乡村。以乡镇企业为例，1990—2000 年，乡镇企业引进的包括外资在内的社会资金、银行贷款、抵押借贷总额由 144.82 亿元增长到 1184.43 亿元，而国家及有关部门对乡镇企业的扶持资金仅由 22.52 亿元增长到 34.37 亿元，如图 4.5 所示。所以这个时期，在地方政府公司的协助之下，社会资本逐渐成为推动乡村建设的主要行动者。

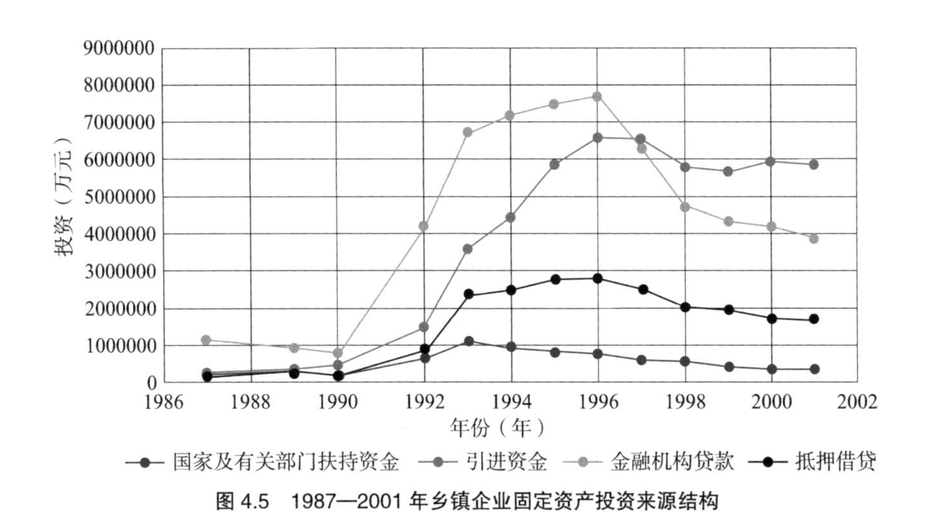

图 4.5　1987—2001 年乡镇企业固定资产投资来源结构

---

① 经历市场化和分税制改革之后的地方政府同时具备合法的强制力与独立的经济目标，既有行政行为也有市场行为，所以被学者称为地方政府公司。参见：温铁军，2011. 解读苏南 [M]. 苏州：苏州大学出版社：58.

3. 乡村人居建设的内生动力普遍衰落

由于东部沿海地区与中西部地区乡村工业在吸引资本投资方面呈现出巨大差别，地方政府申请财政项目资金的能力也相应地呈现出巨大差异，东部沿海地区与中西部地区乡村人居建设及公共品供给方面逐渐拉开差距。

东部沿海地区的乡村人居建设同时受到乡村内部与外部资本扩张的影响：一方面，以苏南和珠三角为代表的乡村地区村集体通过对土地资源的整合与出租，对接不断汇集的外来资本，这些地区村集体经济实力不断增强，村庄内生动力得以续存；另一方面，受城市资本扩张的影响，大都市周边的农村土地通过土地征收转变为城市建设用地。

另外，进入20世纪90年代中期以来，乡镇企业的问题逐渐显现：产权不清、政企不分，长期积累动力不足和掠夺性经营导致集体资产大量流失，净资产急剧减少，乡镇企业出现高负债率现象（于秋华，2012）。而这一时期，我国市场经济体制逐步完善，国有企业通过转变经营机制逐步走出困境，民营经济如雨后春笋般壮大起来，外资企业大举进入，使乡镇集体企业原有的相对优势不再。因此，该时期出现了乡镇企业全面改制的情况，我国中西部地区大量农村青壮年劳动力开始“离土又离乡”，投身到城镇化建设和城市工业化发展当中，村庄开始出现普遍的“原子化”“空心化”趋势，内生动力逐渐衰落，乡村人居建设几乎停滞。

“财政上收、事权下放”的分税制改革之后村庄公共品供给责任逐级下推，基层政府与农民的负担不断加重。基层政府为了实现资本的原始积累，开始投入更多精力对外进行招商引资、对上争取扶持资金和政策，其实际职能逐渐悬浮于“三农”之上（贺雪峰，2013）。成本过高的乡村治理体系与剩余利润过少的小农经济基础相对立并演变为治理危机。同时，乡镇企业改制和城镇化的发展改变了农村劳动力就业结构，大量农民外出务工，乡村开始出现耕地撂荒、宅地闲置，以及老龄化、空心化现象。另外，由于农村集体建设用地不能与城市土地等价同权交易，乡村无法通过土地交易获取发展资金，并且乡村资源无法融资使得农村金融体系存在巨大的存贷差额，金融资本不断由乡村流向城市。乡村地区公共品供给负担过重的同时，人口、土地、金融等资源要素却开始不断外流。

4.1.5 反哺“三农”时期内生动力持续消散

1. 制度变革与制度激励

2003年，时任中共中央总书记胡锦涛在中央农村工作会议上指出“要把解决农业、农村和农民问题作为全党工作的重中之重”，“三农”正式进入国家决策。同年，国家允许农村承包地经营权流转，农村分散的承包地开始向农业生产大户集中。2004 年，胡锦涛在年末的中央经济工作会议上进一步指出，“我国现在总体上已到了以工促农、以城带乡的发展阶段，我们应当顺应这一趋势，更加自觉地调整国民收入分配格局，更加积极地支持‘三农’发展”。2006 年我国全面取消农业税，并且当年的中央一号文件还提出了建设社会主义新农村的具体政策要求，辅之以财政转移支付等具体措施。与此同时，我国基本完成了工业化的原始积累，在一般产业产能开始出现过剩的同时我国成为全球第一大外资流入国，需要通过加大基础建设投资释放过剩的产能和资本，对新农村建设的投资不仅能缓解城市产能和资本过剩，还可以缓解城乡居民收入分配矛盾。国家财政资金、社会资本开始大规模投资乡村建设，不但缩小了城乡发展的不平衡，还引发了乡村实体性资产大规模增值，大量交易伴随着资产增值而发生，国家据此大规模增发货币，所产生的铸币税收益归中央政府，并最终带来了中国金融资本的崛起（温铁军，2018）。另外，国家通过取消农业税以及不断加大惠农力度等制度安排减轻农民负担，促进乡村社会经济稳定运行。

2. 地方政府与社会资本联盟成为乡村人居建设主体

我国加入 WTO 之后，“中国制造”产品的全球消费市场不断扩大，与此同时，国家提出工业反哺农业、城市反哺农村的农业新政，社会资本进一步扩大对农村的资金投入，特别是对制造业的投入。从非农户对农村的固定资产投资投向的统计数据来看，2000—2010 年，非农户对农村第二产业的固定资产投资从 2468.2 亿元增长到 18386.3 亿元，该阶段非农户第二产业投向金额占其对农村的总固定资产投资额的 65%~75%，如图 4.6 所示。同时，在工业化和城镇化的拉动之下，农村剩余劳动力持续向城镇转移，农户的投资行为也发生了显著改变，消费性投资与生产性投资之间的差距扩大，从 2003 年开始，农户对城镇房地产业的投资开始超过其对乡村三次产业投资的总和，农户房地产投资额由 2003 年的 1788.1 亿元增长到 2010 年的 5308.5 亿元，房地产投资占农户所有固定资产投资的比重增加到 67.3% 的同时，农户对农业的投资占比下降至 17.4%，该时期农民对农村的投入降至历史最低，如图 4.7 所示。另外，从国家对“三农”的财政投入、农户和非农户的固定资产投资总额来看，该阶段非农户对农村的第二产业投入激增，非农户投入占比已高达 70%，社会资本成为该时期主导乡村发展与建设的绝对主体（图 4.3）。与此同时，国家不但在 2006 年取消了农业税，对“三农”的投入也逐年递增，在增加农业生产性投入的同时，加大对农村综合开发和农业补贴的力度（图 4.2），弥补了农民退出农业造成的投入不足。

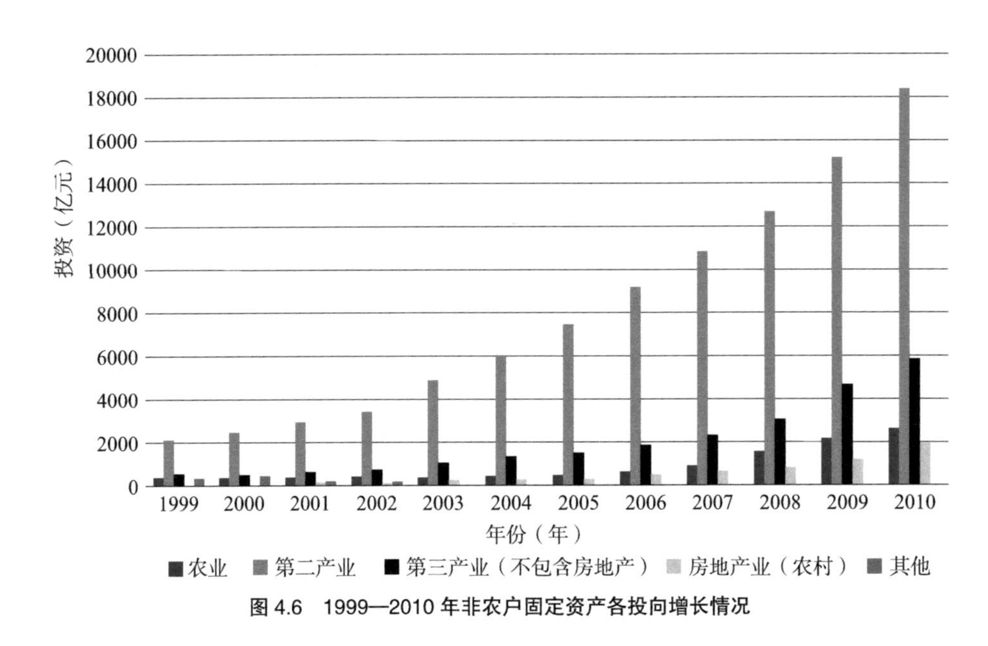

图 4.6　1999—2010 年非农户固定资产各投向增长情况

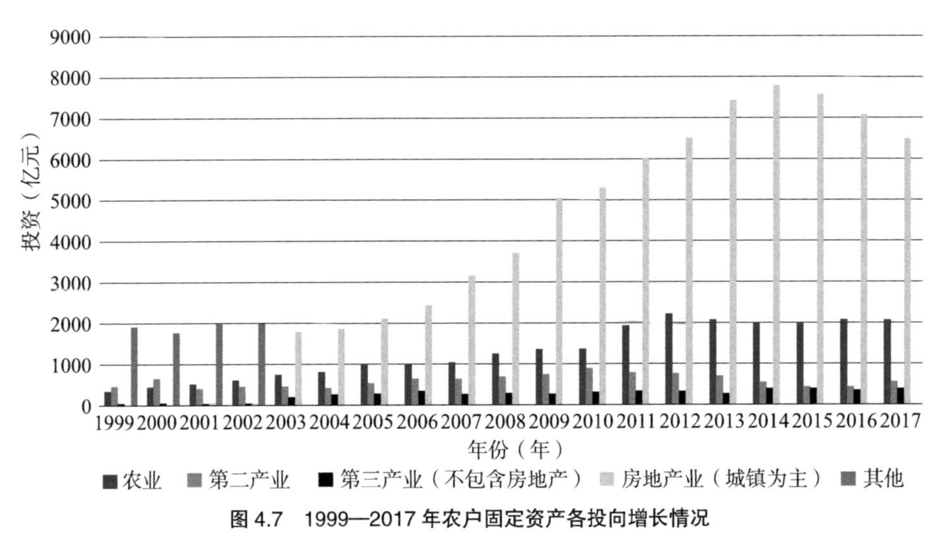

图 4.7　1999—2017 年农户固定资产各投向增长情况

该阶段国家财政对“三农”的支出以项目资金的方式进行财政转移支付，地方政府与下乡资本的联盟关系在争取项目资金的实际操作过程中变得更紧密：地方政府首先引导下乡资本预先进行项目前期启动和资金配套，再由地方政府申请项目资金并注入下乡企业，由企业作为建设主体进行项目实施。在与下乡资本合作的过程中，地方政府实现了多个目标：获取建设用地指标，推动土地集中流转发展现代农业，形成一个申请和实施政府各类项目的平台；下乡资本也能从合作中直接获利：凭借土地集中流转和推动“农民上楼”获取大量国家项目配套，通过各种政策获得大量惠农资金（焦长权　等，2016）。

3. 乡村人居建设内生动力持续消散

在地方政府与下乡资本利益联盟主导下，该阶段的乡村人居建设同时符合地方政府与下乡资本利益目标：一方面，乡村人居建设要契合地方政府争取项目资金的需求；另一方面，乡村人居建设过程中要将具有开发条件和开发价值的乡村资源迅速资本化。因此，该时期我国乡村人居建设普遍出现了“三个区”的潮流：一是农地通过流转向企业与大户集中，出现了以规模化、集约化生产为主要特征的现代农业园区；二是通过集体建设用地租赁或者闲置厂房租赁、土地征收等方式建设农产品加工园区；三是迎合城市居民日益增长的休闲度假消费需求建设乡村旅游景区，乡村自然生态、民俗文化等旅游资源的开发，使得中西部地区的乡村人居建设开始复苏。至此，我国乡村人居建设经历了由“内向型”到“依附型”的转变，普遍依赖于财政资金扶持和资本下乡投资。

这一时期地方政府与社会资本联盟主导的乡村人居建设显著改善了村庄建设水平和公共品供给水平，然而村民和村集体难以从中获得充分的收益，也难以进行内部资本积累。同时，市场化、全球化、资本化力量的全面扩张，造成乡村资金、土地、劳动力等资源的剩余价值大量净流出，竭泽而渔的建设模式使得乡村持续发展的能力受到限制（叶裕民　等，2017）。我国乡村人居建设内生动力的历史演变脉络如图 4.8 所示。

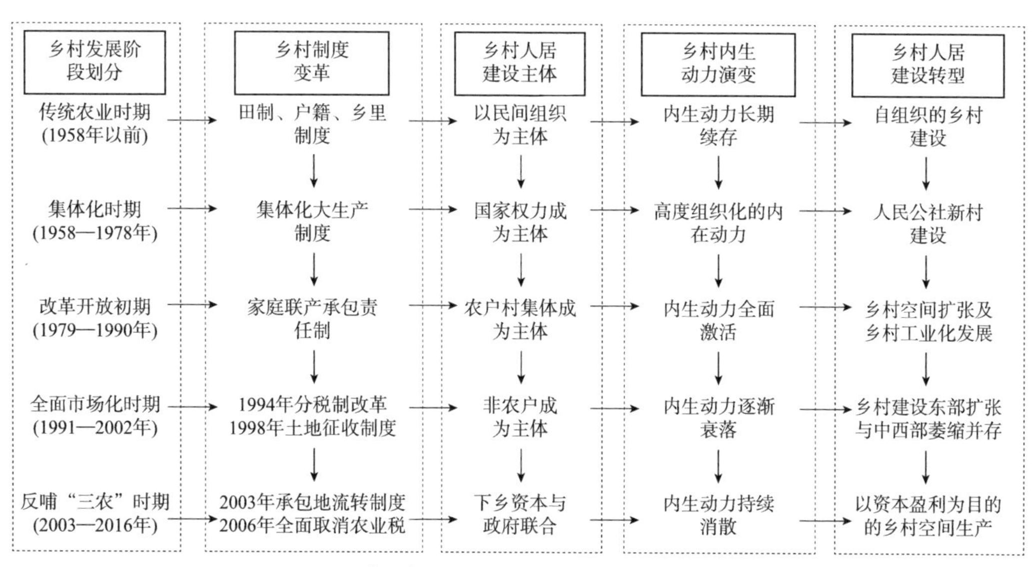

图 4.8　我国乡村人居建设内生动力的历史演变脉络

4.2 乡村振兴时期制度变革影响下的明星村内生动力研究

2017年，党的十九大报告中正式提出实施乡村振兴战略。2022年，党的二十大报告强调，“全面建设社会主义现代化国家，最艰巨最繁重的任务仍然在乡村”。为了缩小城乡发展差距和居民生活水平差距，加快形成工农互促、城乡互补、全面融合、共同繁荣的新型工农城乡关系，加快推进农业农村现代化，“十四五”规划纲要当中强调要建立健全城乡融合发展体制机制和政策体系，并提出继续深化农业农村改革。其中城乡融合发展中关于人才和社会资本引进的政策、金融助力乡村振兴的政策，以及农村集体产权制度改革、集体经营性建设用地入市改革、农村宅基地制度改革，将对激发乡村人居建设内生动力产生积极影响。下文将从政策和案例研究两方面，对乡村振兴时期制度变革对乡村人居建设内生动力的可能影响进行分析。

4.2.1 乡村振兴时期有利于激发内生动力的制度变革

1. 建立城乡融合的体制机制

为协调推进乡村振兴战略和新型城镇化战略，在城乡融合发展的体制机制方面，在健全促进农业转移人口市民化机制的同时，还通过机制创新为乡村振兴引入多元力量。

（1）建立城市人才入乡激励机制。单靠乡村现存的人力资源是难以实现乡村振兴的，因此，国家通过制定一系列财政、金融、社会保障激励政策，吸引各类人才返乡入乡创业。比如，鼓励原籍普通高校和职业院校毕业生、进城务工人员及经商人员回乡创业兴业；推进大学生村官与选调生工作衔接，鼓励引导高校毕业生到村任职、扎根基层、发挥作用；建立选派第一书记工作长效机制；建立城乡人才合作交流机制，探索通过岗编适度分离等多种方式，推进城市教科文卫体等工作人员定期服务乡村；推动职称评定、工资待遇等向乡村教师、医生倾斜，优化乡村教师、医生中高级岗位结构比例；引导规划、建筑、园林等设计人员入乡；允许农村集体经济组织探索人才加入机制，吸引人才、留住人才。人才入乡政策有助于为乡村注入多元力量，系统性地解决乡村振兴所面临的复杂问题[①]。

（2）建立工商资本入乡促进机制。一方面，强调优化环境与配套政策，鼓励包

---

① 参见：关于建立健全城乡融合发展体制机制和政策体系的意见 [EB/OL].（2019-05-05）[2019-02-12]. http://www.gov.cn/zhengce/2019-05/05/content_5388880.htm.

括工商业资本和外资在内的社会资本投入乡村人居建设，特别是在产业融合发展、生态修复、环境建设等领域，发挥社会资本在产业链布局、乡村运营管理、产品营销等方面的技术、渠道、资金优势；另一方面，又在进一步总结上一阶段资本下乡经验教训的基础上，强调需要明确社会资本参与利润分配比例的上限，并以清产核资、折股量化为制度工具，防止村集体和农民在与社会资本合营合作的过程中合法利益受到侵害。

2. 金融改革助力乡村振兴

为了切实解决我国乡村振兴、乡村建设缺资金、缺融资渠道的现实困难，2019 年 1 月底，中国人民银行等 5 部门联合印发了《关于金融服务乡村振兴的指导意见》，提出了完善农村金融资源回流机制，把更多金融资源配置到农村重点领域和薄弱环节的总体要求。

具体要求包括：加强乡村信用环境建设，推动农村信用社和农商行回归本源，改革村镇银行培育发展模式，创新中小银行和地方银行金融产品提供机制，加大开发性和政策性金融支持力度；依法合规开展农村集体经营性建设用地使用权、农民房屋财产权、集体林权抵押融资，以及承包地经营权、集体资产股权等担保融资；实现已入市集体土地与国有土地在资本市场同地同权；建立健全农业信贷担保体系，鼓励有条件有需求的地区按市场化方式设立担保机构；加快完善农业保险制度，推动政策性保险扩面、增品、提标，降低农户生产经营风险；支持通过市场化方式设立城乡融合发展基金，引导社会资本培育一批国家城乡融合典型项目；完善农村金融风险防范处置机制 ①。

从当前的政策可以看出，国家正在通过顶层制度设计，努力破除既有金融体制机制的壁垒。比如，当前我国正在有序推进农村承包土地经营权、农民住房财产权、集体经营性建设用地使用权抵押贷款试点，并探索县级土地储备公司参与农村承包土地经营权和农民住房财产权“两权”抵押试点工作。同时，还通过奖励、补贴、税收优惠等政策工具支持“三农”金融服务，加快完善“三农”融资担保体系。乡村通过正规渠道融资困难的问题有望得到逐步改善。如果村集体能够将金融工具利用好，乡村就有可能利用自有资金和内部资本去解决乡村人居建设和发展的问题。

① 参见：关于金融服务乡村振兴的指导意见 [EB/OL].（2019-02-11）[2021-05-10]. http://www.gov.cn/xinwen/2019-02/11/content_5364842.htm.

3. 农村集体产权制度改革

从乡村振兴战略提出以来，我国以完善产权制度和要素市场化配置为重点，不断加大农村集体产权制度改革与农村土地制度改革力度，促进城乡要素自由流动、平等交换和公共资源合理配置，以期实现农村集体资产与存量土地要素的市场化、价值化，从而拓宽农民与村集体增收渠道，增加农民财产性收入。

“十四五”规划纲要中明确提出了要完善利益联结机制，通过“资源变资产、资金变股金、农民变股东”，让农民更多分享产业增值收益，具体要求包括：加快完成农村集体资产清产核资，把所有权确权到不同层级的农村集体经济组织成员集体；加快推进经营性资产股份合作制改革，将农村集体经营性资产以股份或者份额形式量化到本集体成员；对财政资金投入农业农村形成的经营性资产，鼓励各地探索将其折股量化到集体经济组织成员；创新农村集体经济运行机制，探索混合经营等多种实现形式，确保集体资产保值增值和农民收益；完善农村集体产权权能，完善农民对集体资产股份占有、收益、有偿退出及担保、继承权[①]。

以集体资产清产核资、折股量化为基础的“三变”改革，是推动乡村资源全域化整合与多元化增值、实现农村产业深度整合、创新农村集体经济形式的重要举措。同时，以集体产权制度深化改革为基础的多元主体利益联结机制的构建，如“土地流转＋优先雇用＋社会保障”“农民入股＋保底收益＋利润分红”，充分保障了农民与村集体分享集体资产的增值收益，拓宽了增收渠道，有助于增强村民和村集体参与乡村人居建设的主体性和积极性。

4. 农村集体建设用地改革

乡村振兴战略实施以来，我国持续深化农村集体建设用地改革，主要包括积极探索实施农村集体经营性建设用地入市制度，以及深化农村宅基地制度改革试点。

“十四五”规划纲要指出，在符合国土空间规划、用途管制以及农民自愿前提下，允许农村集体依法把有偿收回的闲置宅基地、废弃的集体公益性建设用地转变为集体经营性建设用地入市；允许城中村、城边村、村级工业园等可连片开发区域土地依法合规整治入市；允许集体经营性建设用地使用权和地上建筑物所有权房地一体、分割转让。集体经营性建设用地入市制度改革，盘活了村庄闲置宅基地、废

---

① 参见：中华人民共和国国民经济和社会发展第十四个五年规划和2035年远景目标纲要[EB/OL].(2021-03-13)[2021-05-15]. http://www.gov.cn/xinwen/2021-03/13/content_5592681.htm.

弃建设用地等存量资源，在生态文明发展导向下，引导村庄集约、节约利用土地资源。更重要的是，该项制度改革扩展了农村建设用地价值化的合法途径。原来，农村建设用地只能通过土地征收或者出租实现价值化，村集体与村民难以合理分享建设用地增值收益。改革之后，村集体可以通过土地整治和节余集体经营性建设用地入市交易，直接引入社会资本投资乡村人居建设，并且能够充分享有制度红利与土地增值收益，土地增值收益还将成为支持乡村进一步建设与发展的自有资金，能够有效调动村庄内部主体参与改革与乡村人居建设的积极性，激发乡村人居建设的内生动力。

"十四五"规划纲要还提出，要深化农村宅基地制度改革试点，加快房地一体的宅基地确权颁证，探索宅基地所有权、资格权、使用权分置实现形式。当前，我国乡村民宿产业方兴未艾，农村宅基地制度改革，将有利于乡村直接对接下乡市民与社会资本，有助于促进城乡人口与文化的双向流动以及城乡产业的融合发展。同时，宅基地资格权、使用权与土地承包权、经营权一样是我国农民的基本财产权利，允许适当放活宅基地和农民房屋的使用权，意味着农民的宅基地和房屋产权具有了合法的价值化途径，有助于增加农民的财产性收入，进一步缩小城乡居民的收入差距。

总之，正在积极探索的农村集体建设用地改革，使得村民和村集体有望从乡村空间资源开发利用的过程中获得新的收益，并进行内部资本积累，从而激励村民更加关注乡村人居建设和村庄公共品供给活动，为村民的合作行为创造新的"聚点"。乡村振兴时期，国家宏观制度变革对乡村人居建设内生动力的影响，我们还可以从改革明星村蝶变的经验中探寻答案。

4.2.2　借助制度变革激发内生动力的明星村案例研究

本小节将围绕多元主体共建共享机制创新、农村金融制度改革、集体产权制度改革、集体经营性建设用地入市改革等议题，选取我国中西部地区在制度创新方面具有代表性、典型性的村庄进行案例研究，分析这些村庄是如何通过地方性制度创新，激发乡村人居建设的内生动力并获取更多外部力量支持，将原来的普通村甚至是贫困村建设成为明星村的。案例资料主要来源于笔者的实地调查、与村党支部书记和相关企业负责人的访谈记录以及相关会议记录，并以文献调查资料作为补充。

1. 多元主体共建共享机制创新：袁家村

袁家村位于陕西省咸阳市礼泉县烟霞镇北面，区位条件优良，历史文化资源丰富，紧邻唐太宗昭陵等高等级文化资源。袁家村自 2007 年起，以关中乡村民俗、关中饮食文化、关中传统建筑为主题，发展乡村旅游业，创建民俗、民风体验一条街，集中展示关中乡村自明清以来的乡村生活的演变。袁家村的村民只有 62 户，300 多人，但村集体资产 1 亿多元。如今袁家村吸引了 1000 多位下乡市民在村内投资、开店，同时，通过发展与乡村旅游品牌相关的农产品加工产业吸纳了周边 2000 多位农民在村内就业。袁家村激发内生动力的经验包括以下两方面：

1）村集体的原始资本积累

袁家村原来是一个集体化村庄的典型，早期由于成功打击破坏农田水利的违法行为成了全省的先进村，袁家村的集体化生产体制得到各级政府与村民的广泛认可，因此，在全国推广家庭联产承包责任制改革之时，袁家村的土地并未完全由村民进行承包经营，大部分土地仍然由村集体统一经营管理。20 世纪 80 年代初，我国乡村工业化兴起，袁家村开始创办本村工业，由于村集体具有大部分土地的经营权与管理权，可以以极低的成本启动工业化项目开发，不需要向农民支付用地补偿，土地工业化的增值收益成为村集体最原始的内部资本积累。

另外，农业劳动力转化为工业劳动力的增值收益也被村集体获取。村民在村办企业就业时以工分进行结算，由于村民在企业就业可以充分利用农闲时间获取务农以外的可观收入，使得村民愿意领取比实际工作产出更低的工分，袁家村可以持续地通过基于极低的用地成本和雇工成本发展起来的乡村工业不断增加集体经济收入。

2）以城乡融合发展为契机持续壮大村集体经济

新农村建设以来，袁家村充分利用地缘优势和资源优势，不断完善城乡融合的发展机制，持续壮大村庄集体经济。

（1）"三产融合"机制。第一步，袁家村巧妙利用本村的农副产品，以关中美食文化为主题，打造袁家村特色小吃品牌，以小吃街聚集人气，做到一三产业融合。第二步，袁家村根据游客的消费需求，不断扩展本村的农副产品品牌，在既有乡村工业基础之上，发展农副产品加工产业，实现二三产业融合。第三步，充分利用袁家村的旅游品牌提升溢价能力，引进市场主体对农副产品品牌进行包装和营销，打通农副产品直接进入城市社区的渠道，同时开展线上与线下的销售，实现乡村向城市的文化、品质输出，村集体与社会资本通过品牌持股实现利润共享。整体上形成"三产带二产、二产带一产"的"三产融合"发展机制[①]。

---

① 资料来源：中国新农村建设袁家村课题组宰建伟在"乡村振兴与乡村治理现代化高级研修班"中的发言。

（2）多元力量整合机制。袁家村充分意识到仅靠 300 多位村民的内部力量是很难实现村庄的长远发展与持续建设的，因此，长期以来袁家村致力于搭建一个多元主体共建共享的平台，以开放的态度欢迎外部力量参与乡村人居建设与利益共享。袁家村本地的村民主要经营小吃店和农家乐，为配合市民下乡消费需求而开展的农副产品加工产业主要雇用周边村庄的村民进行生产，本地村民可以入股但并不需要参与产品生产环节。同时，袁家村充分利用已经形成的旅游品牌，吸引各行各业的市民下乡创业，扩展和完善袁家村的旅游产品与经营业态。另外，袁家村在农副产品销售领域积极引入社会资本，利用市场主体的资源优势与营销渠道，帮助袁家村特色农副产品直接进入城市社区。

（3）集体收益的二次分配机制。袁家村所有村民经营的小吃店和农家乐，以及农副产品加工产业，产生的收益都由相应的合作社进行统一管理与二次分配。村民个人按照在相关项目当中的入股份额获得相应的收益。并且，村集体可以根据成员的实际情况灵活调剂股份分配，实现济困邻里，平衡各方利益关系，缩小集体成员之间的收入差距。从而确保了每一个农民都是经营主体，充分调动村民参与村庄建设与产业发展的积极性。

2. 农村金融制度改革：郝堂村

郝堂村隶属河南省信阳市平桥区，西边紧邻浉河区，南边与罗山县接壤。郝堂村是豫南山区一个典型的山区村，全村面积约 20.7km^2，是平桥区面积最大的一个村，共有 18 个村民组，620 户，2300 人。2009 年推行农村内置金融改革之前，该村人均收入 4000 元，打工收入占 70%。郝堂村的建设与发展成功关键在于：通过推行农村内置金融改革，不但解决了村庄的敬老养老问题，还实现了村庄闲置资产的资本化，并且充分利用内置金融的资产收储功能，实现了闲置集体建设用地、闲置房屋的市场化和价值化，从而激发了乡村人居建设的内生动力。

1）农村内置金融体系解决农村敬老养老问题

2009 年，农村内置金融创始人李昌平（2013）在当地政府的支持下，携带 5 万元“种子”资金来到郝堂村，创建了“内置金融——‘夕阳红’养老资金互助社”。经过一个月的动员与筹措，共筹集资本金 34 万元，包括李昌平本人的 5 万元、地方政府财政投入 10 万元、村内 7 名敬老志愿者每人 2 万元、村委会 2 万元、15 名老人社员每人 2000 元[①]。3 个月后，互助社的 15 名老人社员人均获得收益 300 元。老人

① 入社标准为每名社员投入 2000 元 ~10 万元并折算为股份。

社员的规模从此以后不断扩大，到了2012年，社员规模扩大至198人，利息收入40万元，当年社员人均利息收入800元，并且农村内置金融体系开始吸纳来自社会援助的资金以及政府补贴的项目资金，资金规模总数不断扩大[①]。农村内置金融制度创新将村内老年人的闲散资金利用起来，并为老年社员带来额外的收入，解决了养老敬老问题，还激发了农村留守老人参与乡村人居建设与发展的积极性。

2）农村内置金融体系实现闲置资产资本化

内置金融资金可以为符合一定条件的村庄内部成员提供短期贷款，贷款期限分为三个月、六个月以及一年期，贷款额度最小2000元，最高20万元，借款按照月息10‰收取利息。贷款抵押物可以是村民的土地承包经营权、闲置房屋或者宅基地的使用权、林权、粮食、苗木、牲畜等。抵押物、贷款金额以及期限等贷款申请审批事项由老人社员代表进行投票表决确定，村支书具有否决权但并不具备决定权。如此一来，农村闲置的资源就能够转化为农民创业与扩大再生产的资本金，农村成员之间实现了资金互助，农民有了自主“贷款”的渠道，解决了乡村人居建设与发展融资难的问题。同时，由于内置金融是乡土熟人社会内部的互助金融，借贷主体之间的信息对称，风险和利率都可以控制在很低的水平（李昌平，2020）。

3）农村内置金融收储的闲置资产的市场化、价值化

农村内置金融还具有闲置资产的统一收储与集约利用功效。例如，村民可以将滞销的苗木折算成固定“存款”存入内置金融合作社并获取固定利息收入，再由内置金融合作社寻找渠道、统一营销这些苗木，从而避免了农户杀价倾销，还有利于增加农民的财产性收入；内置金融合作社可以跨区域收储闲置的集体建设用地进行集约开发利用，郝堂村合作社收储了本村400亩建设用地用于美丽乡村建设以及乡村旅游开发，项目建成后不到两年时间，村集体实现建设用地增值收入2000万元，扩展了村民与村集体经济的增收渠道；内置金融合作社还可以收储农民闲置的房屋，做法是先将农民闲置的房屋收储10~30年，并由合作社出资进行改造，再将相应期限的房屋使用权出租给市民，市民可以选择在内置金融体系内贷款分期支付租金，如此一来，市民不需要直接和农户交易，也没有租金涨价的风险，还可以享受分期付款，就能实现下乡生活创业的愿望，城乡要素交易的壁垒被打破，农村闲置的资产也有了市场化与价值化的途径。

---

① 资料来源：李昌平在2019年12月“乡村振兴与乡村治理现代化高级研修班”的讲座《村社内置金融与新集体经济发展》。

3. 集体产权制度改革：塘约村、舍烹村

1）塘约村

塘约村位于贵州省安顺市平坝区乐平镇，距乐平镇 3.5km，距县城城区 15km，距安顺市城区 36km，地势较平坦，交通便利。塘约村在 2014 年之前是一个国家二类贫困村，村内的青壮年劳动力多数外出至沿海发达地区务工，村庄仅剩中老年人、儿童、妇女留守，是典型的空心村。2014 年 6 月，该村遭受了百年一遇的洪水袭击，房屋毁坏严重，农田悉数被淹，整个村子陷入窘困的境地。就是在这种绝境之下，塘约村的村干部开始"穷则思变"，以灾后重建为契机，激发村民参与乡村人居建设的内在动力，通过不断地探索集体产权制度改革和多元的集体经济发展形式，辅以村庄自治和村民主体性的培育，实现了乡村人居建设与发展的"绝境重生"。2015 年年末，塘约村集体经济收入超过 200 万元，仅用一年多的时间就摘掉了贫困村的帽子。2017 年 11 月，塘约村获评第五届全国文明村镇、首批全国乡村社区建设示范单位。2019 年 12 月，塘约村被列入全国乡村治理示范村。塘约村的成功经验主要包括以下三方面。

（1）"七权同确"理清家底。塘约村是贵州省农村产权"七权同确"第一村。塘约村的"七权同确"是该村激发乡村人居建设与发展内生动力的关键性制度创新。"七权"包括：土地承包经营权、宅基地使用权、林权、集体土地所有权、集体建设用地使用权、集体财产权、小水利工程产权（王宏甲，2017）。塘约村借助 GPS 以及航拍定位等技术，清晰地界定了相关产权的四至边界，可以很便利地从计算机软件上查询某个集体产业项目所使用的资源有哪些类型、四至边界在哪、面积多大、涉及哪些农户等具体信息。"七权同确"工作遏制了包产到户以来村民侵占集体资源的现象，如建房侵占集体土地、占用集体沟渠、占用集体山地等现象，巩固了农村集体经济所有制和集体土地所有制，并且有利于塘约村实现集体资产的市场化、价值化。

（2）盘活集体资源发展集体经济。塘约村将确权后的所有土地全部承包给农民，农民再以土地承包经营权入股，成立金土地合作社，合作社对所有土地进行统一管理和经营，农民可以在合作社务工，合作社支付给每位农民每月的保底工资为 2400 元，另外，农民、合作社、村集体占金土地合作社的利润分红比例为 40% ∶ 30% ∶ 30%。成立合作社对土地进行统一经营的方式，解决了农业生产规模化、现代化的问题，同时也能促成村民抱团发展，提高塘约村农副产品的品牌效应，扩展销售渠道。目前塘约村搭建了"合作社 + 电商 + 新型金融中心"的三大平台，

金土地合作社产出的蔬菜经由电商平台进行线上销售，村集体再以确权后的集体产权，如集体建设用地使用权、小水利工程产权等，向银行或者担保机构进行融资贷款，用于扩大再生产[①]。

（3）培育村民的主体性激发内生动力。制定村规民约进行乡村治理，制止和劝阻村民的陋习。通过村民议事会、红白理事会及老年协会来对村内各项事务进行统筹管理，同时，积极开展道德文明建设，进行好媳妇、好婆婆的评比，让村内的整体风气得到净化。此外，塘约村以修建公益性设施为契机，不断增强村庄内部凝聚力，激发内生动力。比如，该村采用申请财政项目资金购买原材料，村民自愿参加义务劳动的方式，仅用了28天时间，修筑了一条宽8m、长4km的连接村庄和集镇的沥青混凝土公路，极大地便利了村民出行。同时，通过村民协作，逐步扭转“原子化”的村庄社会结构。

2）舍烹村

舍烹村位于贵州省六盘水市普古乡，是一个偏僻大山深处的小山村。舍烹村面积6.1km^2，包含8个村民小组，地形地貌以山地和坡地为主，海拔1300~2319m，气候类型属于高山立体气候，生物多样性保存完好。2012年以前舍烹村人均年收入仅为700元，村民的收入来源主要是外出务工，是中西部山区非常典型的“空壳村”[②]。但2012—2017年舍烹村通过“三变”改革获得显著发展成效：总人口由2012年的1303人增加到2017年的1446人，贫困户由165户减少到13户，人均年收入由700元增至14460元，外出务工的劳动力比例由80%降至4.6%，森林覆盖率由28. 98%提高到66. 71%（杨慧莲 等，2018）。舍烹村的成功经验包括以下三方面：

（1）能人动员与内部资源重组。以返乡企业家陶正学为代表的村庄能人，通过与农民分析发展前景、组织考察团外出学习等方式动员农民将土地和闲置资金入股，成立合作社。合作社注册资金2000万元，其中陶正学个人出资540万元，陶正学出借给参股农户的资金730万元，其他个人出资730万元。涉及农户465户，其中包含舍烹村村民、附近村民、追随陶正学返乡创业的原煤矿企业工人。流转本村及周边村庄土地2000亩，统一种植猕猴桃、刺梨、蓝莓等高价值经济作物。农户除了每年能够获得高于传统农作物种植年收入的固定分红以外，还能优先在合作社获得一份月收入2200元的工作，并且每年还能按照土地入股比例获得土地经营利润分红。

---

① 资料来源：与塘约村党总支书记左文学的访谈记录。

② 空壳村：集体经济薄弱、财政亏空的村子。

（2）突破村庄空间局限的“三产融合”发展。为了给逐渐增加的返乡农民提供更多的就业岗位并分担单纯农业经营的潜在风险，进一步将包括舍烹村在内 8 个村庄的生态林、水域、湿地等集体资源共计 8.5 万亩入股成立旅游公司发展旅游产业，此次更大范围的资源重组过程涉及 8 村 3105 户 8875 人，其中包含贫困户 1118 户，贫困人口 2189 人。合作社与旅游公司合股联营乡村旅游产业，其中合作社占股 20%。

（3）“三变”改革利益联结机制构建。2015 年贵州省六盘水市的“三变”改革经验获得有关部门的认可，与此同时，舍烹村也被认定为“‘三变’改革发源地”，从此该村获得了更多政治资源，如县级的政府平台公司参与投资乡村人居建设和景区建设。同时，舍烹村积极引入社会资本力量投资景区建设，最终形成了由合作社、旅游公司、市场主体、政府主体组成的利益联结机制，四者的股权与利润分配比例为 20% ∶ 14% ∶ 25% ∶ 41%。另外，8 个村庄通过跨村域经济重组，实现了项目资金的整合，在此过程中约 2500 万元的扶持资金、93.7 万元的普古乡集体发展资金，以资金变股金的形式助力景区建设，并最终折算为村民与村集体的持有股。

舍烹村通过“三变”改革实现了乡村人居建设的多元主体参与、多元资金的投入，保证了旅游景区的建设进度与建设质量。2017 年景区已基本完成了工程建设，并成功申报国家 4A 级旅游景区，同年实现游客量 72.23 万人次，旅游综合收入 15000 万元。村民和村集体凭借集体资源的折价入股，充分分享这些经营收益，从而实现了惊人的发展成效。

4. 集体经营性建设用地入市改革：战旗村、青杠树村

在集体经营性建设用地入市改革方面，成都市城乡统筹试验区走在全国前列，本小节选取该区域的两个改革明星村——战旗村与青杠树村——作为调研对象，简要分析其地方性制度创新经验。

1）战旗村

战旗村位于成都市郫都区唐昌镇，距成都中心城区 45km，处于成都一小时交通圈。全村共有农户 506 户,1700 余人，村域面积 2853.8 亩，其中耕地面积 2158.5 亩。该村从集体化时期以来积累了深厚的集体文化底蕴，全村大部分耕地均由集体统一经营，并且战旗村善于把握改革的先机，前瞻性地完成了土地确权和村集体资产清核与股份量化工作，并通过村庄集体建设用地入市交易获取了第一笔自有资本金。其改革的力度与成效获得全社会关注以及各级政府的高度认可，为该村争取了更多的财政资金投入与社会资本投入，为实现村庄的可持续建设与发展奠定了坚实基础。

战旗村激发内生动力经历了以下三个步骤：

（1）集体文化底蕴的历史积淀。战旗村的集体文化底蕴积淀始于20世纪60年代的知青下乡，知青带领着当地村民进行军事化训练，形成了最早的集体化雏形，培养了村民的集体意识。战旗村用军事化方式组织村民进行农田水利建设以及集体化的农业生产，并取得了显著成效，这进一步增强了村民的集体意识。在20世纪70年代的乡村工业化发展中，战旗村继续利用军事化的管理模式，获得了军分区的高度赞赏与武装部的政治支持。早期乡村工业化的发展也为后期村庄现代集体经济打下了良好基础。20世纪80年代初全国盛行包产到户，但是战旗村仍然保持集体化的生产方式，土地由村集体统一经营管理。

（2）村集体建设用地入市交易获取自有资本金。2015年，战旗村成立资产管理有限公司，并以该公司作为实施主体，以挂牌方式出让村内一宗面积为13.447亩的存量集体经营性建设用地使用权。该宗土地大部分是乡村工业化时期村集体创办的复合肥厂、预制厂的建设用地，在乡镇企业改制过程中，这些村办企业虽被承包给私人经营，但建设用地的资源产权牢牢掌握在村集体手中（伍波，2019）。该宗建设用地的使用期为40年，规划用途为村庄商业服务设施用地，最终经2家企业现场竞价，以705.96万元的出让总价实现了就地入市。

同时，该村所有集体资产全部完成清产核资并于2015年纳入新成立的村集体资产管理有限公司，公司的所有股份由1704名村民共同持有。通过土地流转、资产出租等方式，战旗村每年可获得至少462万元的资产增值收益。2017年，战旗村集体自有资产已达到4600万元①。

（3）“三产融合”实现可持续发展。在种植业发展方面，战旗村将农地承包经营权确权到户，村民以土地承包经营权入股，所有农地由合作社进行统一经营管理，该村总计已成立9个农业合作社，在此基础上，战旗村搭建“互联网＋共享农业”的互动种养平台，拓宽农产品的销售渠道，实现农产品与客户的高效对接。在农副产品加工业方面，得益于早期的乡村工业发展基础，战旗村已经拥有了众多知名的农副产品品牌。战旗村注重对传统手工产业的传承与发展，如其豆瓣酱制作与老布鞋制作已形成了规模化的生产。近年来，战旗村充分利用地缘优势与日渐提升的知名度积极发展乡村旅游业，已建成项目包括“妈妈农庄”和“乡村十八坊”，均属于集体资产。当前战旗村共有8个集体企业，5个私人企业，地区生产总值已达1.347亿元。

---

① 资料来源：战旗村党委书记高德敏在2019年12月“乡村振兴与乡村治理现代化高级研修班”的发言。

2）青杠树村

青杠树村位于成都市西北，距成都三环路 16km，面积 2.4km^2，辖 11 个村民小组，932 户、2251 人。该村有交通干线沙西线贯穿而过，并且位于徐堰河、柏条河两河之间，村庄三面环水，渠系纵横，林盘众多，生态条件优越，具有极佳的发展乡村旅游的区位条件与自然生态条件。青杠树村主要的成功经验在于通过土地整理与节余集体建设用地入市交易改革，实现了农民新村建设与乡村旅游业发展的双赢，具体经验包括以下三个方面：

（1）村庄土地整理与农民新村建设。2010 年，青杠树村通过村庄土地特别是宅基地的整理，整理出村庄集体建设用地总计 480 亩，其中，规划安排 180 亩建设用地用于农民新村的建设，节余的 300 亩用地中，有 269 亩可用于集体经营性建设用地入市，剩余 31 亩作为储备的建设用地指标暂不入市交易。青杠树村向银行和企业融资贷款本息 1.45 亿元，争取财政项目资金补贴 0.2 亿元，解决农民新村建设以及配套设施建设问题，2013 年，建成 9 个农民新村安置点以及主要基础设施和社区公共服务中心，2041 名村民不花一分钱分房入住农民新村，村容村貌以及村民的生活配套得到显著改善。同时，在土地整理的过程中，青杠树村完成了村集体资产清核工作，村民通过持有的资产入股青杠树集体资产管理公司，该公司作为负责新村建设以及集体建设用地入市的主体。

（2）节余建设用地入市偿还建设成本。2016 年 6 月，该村集体资产管理公司在郫都区公共资源交易服务中心挂牌出让 267 亩节余的集体经营性建设用地指标，出让年限 40 年，用地性质为农村商业服务设施用地，共获取土地出让金 1.97 亿元，偿还贷款本息 1.45 亿元，盈余 5200 万元作为村庄自有资金，用于下一步的乡村旅游景区打造及村民分红[①]。

（3）节余资金与建设用地发展乡村旅游。267 亩集体建设用地出让之后，由市场主体进行投资开发，其中大部分建设用地处于青杠树村香草湖景区范围之内，建设了包括现代农庄、休闲会所、乡村酒店和农业总部等三产互动的产业项目。村集体资产管理公司投入自有资金以及建设景区所需占用的其他集体资源，与市场主体共同成立香草湖景区管理有限公司，对景区实行联营、联管，实现收益共享，村集体资产管理公司与市场主体的收益分红比例为 51% ∶ 49%。目前，青杠树村集体资产已达 7831 万元，量化股权 2251 股，农民人均集体资产 3.48 万元，2018 年，香草湖景区实现综合旅游收入 320 万元，农民和村集体持续从合股联营的乡村旅游项目中

① 资料来源：关于青杠树村的调研数据主要来源于香草湖景区管理有限公司提供的资料。

增收。另外，香草湖景区涵盖了农民新村的大部分范围，村民具有利用新村良好的村容村貌和完备的基础设施进行自主经营农家乐、餐饮等业态的条件。2018 年，该村村民务工收入、经营性收入、房屋出租收入、股权分红收入等非农收入占人均总收入的比例，已由乡村旅游项目建设之前的 40% 提高到 90%。

4.3 小结

4.3.1 宏观制度变革与乡村人居建设内生动力的演变脉络

研究表明，内生动力自古就存在于中国的乡村社会，传统的乡村自主建设就是在内生动力的作用下实现的；集体化时期公社成员的集体行动创造了我国村庄公共品供给的诸多奇迹；改革开放时期的家庭承包责任制全面激发了农民积极参与乡村人居建设的内生动力，推动了乡村空间扩张以及乡村工业化的发展。但是，从全面市场化时期开始，城镇化建设与城市工业化迅猛发展的同时乡村人口外流，乡村人居建设的内生动力开始衰落；到了反哺“三农”时期，虽然地方政府与社会资本联盟主导的乡村人居建设显著改善了村庄建设水平和公共品供给水平，但是农村资金、土地、劳动力等方面的剩余价值大量净流出，竭泽而渔的建设模式使得乡村持续发展的能力受到限制，乡村人居建设的内生动力持续消散，乡村人居建设经历了由“内向型”到“依附型”的转变，乡村人居环境等公共品主要依赖于政府和市场治理。进入乡村振兴时期，城乡融合体制机制的建立、农村金融制度改革、农村集体产权制度改革、集体经营性建设用地入市改革等，将对激发乡村人居建设内生动力产生积极影响。

4.3.2 明星村激发内生动力的影响因素及其特殊性

基于明星村的成功经验分析，我们发现明星村激发内生动力是制度因素与非制度因素共同作用的结果。乡村振兴时期的正式制度变革对激发村庄内生动力的积极影响体现在以下三个方面：①城乡融合的体制机制为激活村庄内外部资源注入了新动力；②集体产权制度深化改革增强了村庄对资源的整合力和控制力；③集体建设用地入市改革和宅基地改革，使得村庄集体资产具有了恰当的市场化和价值化途径，并且村民和村集体能够在乡村人居建设过程中获得新收益，为村民的合作以及村民与其他主体的合作创造了新“聚点”。袁家村通过建立多元主体共建共享机制，实现了乡村资源的三产融合开发；塘约村和舍烹村通过集体产权清核、折股量化，以及“三变”改革，将分散的村庄生态空间资源整合起来，高效对接社会资本与财政资源下乡；战旗村和青杠树村则抓住了集体经营性建设用地入市改革的先机，通过土地整治和节余建设用地指标交易积累了村庄自有资本金，实现了美丽乡村建设与三产融合开发的双赢；郝堂村通过农村内置金融合作社的实验，收储、整合了村庄闲散的土地、房屋、生产资料以及社会资源，并将资源进行三产融合的市场化开发，实现了闲置资源的资本化、价值化。

另外，明星村之所以能够成功蝶变，还因其具有除了制度因素以外的特殊发展条件或者遇到了特殊发展契机。比如袁家村区位优势特别显著，并且长期以来具有村庄集体化发展的基础；塘约村遭遇了百年一遇的洪水灾害才得以“绝境重生”；舍烹村的成功得益于具有雄厚经济实力与奉献精神的返乡企业家的初期动员；战旗村成功之关键在于位于成都城乡统筹试验区，敲响了集体经营性建设用地入市的全国第一槌，并且战旗村具有深厚的集体化文化积淀；青杠树村不仅能够通过建设用地入市获得土地红利，还具有突出的生态环境资源、区位交通优势；郝堂村的成功始于李昌平为首的中国乡建院团队的介入与动员。明星村制度创新与乡村人居建设主要经验总结见表 4.1。

然而明星村发展的特殊契机和经验不可复制，我们需要继续展开针对普通村庄的个案研究，探讨在乡村人居建设活动中，普通村庄激发内生动力何以可能的问题。

明星村制度创新与乡村人居建设主要经验总结　　表 4.1

	制度创新途径（制度因素）	特殊机遇与条件（非制度因素）	集体资源价值化方式
袁家村	多元主体共建共享机制	区位优势与集体化传统	民俗文化旅游
塘约村	集体资产“七权同确”	百年一遇洪水灾害	生态农业与乡村旅游
舍烹村	“三变”改革	优质企业家返乡	生态农业与景区开发
战旗村	经营性建设用地入市	改革先机与集体化传统	三产融合
青杠树村	经营性建设用地入市	区位交通、生态环境优势	乡村旅游
郝堂村	农村内置金融制度创新	社会团体的介入与动员	乡村旅游与农房租赁

第5章

乡村人居建设内生动力个案研究的思路与方法

本书将进入个案研究部分。本章首先明确个案研究要探讨的主要问题，进而介绍研究方案的设计思路，包括调研的经历以及案例筛选的理由、“进入”村庄的方式与资料来源、个案研究与对比研究相结合的研究方法，最后介绍个案所处的成渝地区以及相关镇街的地域经济背景。

5.1 个案研究探讨的多层次问题

5.1.1 普通村庄激发内生动力何以可能?

本书在第4章分析了曾经作为我国传统乡村自主建设主导力量的内生动力，在近现代正式制度变革的影响下逐渐衰落与消散的历史过程，同时也分析了借助近年来深化农村改革的机遇重新激发内生动力的明星村成功经验，可是明星村的成功有其特殊契机使得经验难以复制。我国大量的普通村庄，正面临着“人、地”分散、“财、权”尽无的困境，在这种情况下，普通村庄在乡村人居建设活动中激发内生动力何以可能？这是本书在接下来的个案研究中要讨论的第一层次问题。

5.1.2 政府、市场治理结构下激发内生动力何以可能?

本书在第3章对乡村人居建设的政府治理、市场治理、自主治理三种治理结构的研究发现，无论是政府治理还是市场治理，都存在着村民与外部主体之间高额的交易成本阻碍了符合村民真实需求的村庄公共品生产的根本性问题，从而极易导致公共品供给的“政府失灵”和“市场失灵”，而激发乡村人居建设内生动力，以村庄组织成本替代交易成本，则是解决问题的关键所在。然而在政府、市场主体与村民之间的非均衡力量博弈之中，如何提高村庄内部主体的整体话语权和对资源的控制力，并实现以村民为主体的多中心良性治理？这是个案研究要讨论的第二层次问题。

5.1.3 激发内生动力的内在制度逻辑是什么?

虽然近年来正式制度变革为激发乡村人居建设内生动力创造了新“聚点”，可是我们也观察到，在正式制度变革的普遍影响下，成功激发内生动力的村庄仍是少数，这说明了外部正式制度变革并非激发内生动力的充分条件，在现代乡土社会中要促成村民之间以及村民与外部主体之间的合作一定是多重因素共同作用的结果。那么，在不同的治理结构之下，激发内生动力的阻力，即合作的交易成本是什么？促成合作并控制合作交易成本的机制是怎样的？这些机制的形成及发挥作用需要调动哪些相关因素？不同治理结构当中激发内生动力的内在制度逻辑存在哪些不同的特征？这些是本书个案研究需要着重探讨的核心内容。

5.1.4　合作比不合作能带来更多社会产品吗?

本书对内生动力进行研究的出发点是基于合作能够更好地解决乡村人居建设这种村庄公共品供给问题的理论推断。然而，激发内生动力的、以村民为主体的合作供给行为真的能够比单纯的政府治理和市场治理提供更多的公共物品吗？人们在经历了乡村人居建设的集体行动之后，村庄“人、地”分散、“财、权”尽无的状况能够有所改善吗？这是本书个案研究的第四层次问题，也就是关于制度绩效的问题。如果个案研究的结果表明激发内生动力的多中心治理存在着这些建设和治理绩效，则可以证明激发内生动力有助于实现可持续的乡村人居建设与乡村的全面振兴。

5.2　个案研究的背景

5.2.1　广泛调研与案例筛选

以上研究问题当中，第一、第二层次的问题，在笔者确定研究案例之时，就已经得出了初步答案。即普通村庄在“人、地”分散、“财、权”尽无的困境之下，是可以激发内生动力的；在政府治理和市场治理当中，能够实现以村民为主体的良性治理。回答这两个问题的难点在于，需要在前期广泛走访调研中寻找这种可能性，这花费了大量的时间和精力。

为了寻找这种可能性，笔者自 2017 年起，走访了长三角、珠三角、中西部地区的村庄。在对长三角的村庄进行走访调查时发现，该地区的乡村人居建设外部力量非常强大，乡村人居建设能够获得的地方财政投入普遍高于中西部地区，并且社会资本大量注入，局地还有中产精英市民的介入，并且当地村民的人均收入普遍较高，比如浙江省杭州市西湖区的龙坞茶村家家户户建起了小别墅，桐庐健康小镇在资本投资之下建设了大量的康养度假地产，浙江省湖州市德清县莫干山村已经成了精英市民实现田园理想的乌托邦。长三角地区的村庄呈现出先进的规划和建设理念，但笔者在该区域短暂的走访调研中未能发现普通村庄通过激发内生动力完成乡村人居建设的案例。

另外，笔者在文献研究过程中读到桂华教授（2018）的文章《村级“财权”与农村公共治理——基于广东清远市农村“资金整合”试点的考察》，了解到广东省清远市通过“以奖代补，先建后补”的财政下乡制度创新激发村民内生动力自主进行村庄公共品供给的先进经验。然而，作者在进一步走访调查中发现，2018年之后，广东省将村容村貌整治纳入了村庄脱贫的基本要求，如果继续按照“以奖代补，先建后补”的路径来进行村庄环境整治，难以在2020年底之前实现村庄全面脱贫的政治任务。因此，2018年之后，清远市的乡村人居建设又重新回到了政府治理路径，已无法观察到在财政激励制度变革之下，村民自主进行乡村人居建设的过程。并且，清远市的村庄属于典型的华南团结型村庄，宗族力量在村民的组织和动员当中发挥了关键作用，这是其他原子化的村庄无法具备的特殊条件。因此，珠三角地区的村庄也未能作为本书的研究个案。

2019年5月，笔者有幸在重庆市L区农业农村委员会挂职锻炼，在长达一年半的时间内，走访了该区所有镇街和村庄，并跟进了“三变”改革重点村石村和莲村的一系列建设工作，这两个村庄“一正一反”，正好提供了对市场治理结构之下激发内生动力的研究素材。另外，该区的人居环境整治样本村喜村为本书提供了政府治理结构下，激发内生动力的阻力和交易成本的研究素材。在2019年末，笔者以基层挂职干部和研究者的双重身份，参加了在成都市H区HC镇举办的“乡村振兴与乡村治理现代化高级研修班”，在学习明星村先进经验的同时，发现了同在HC镇的相对“不那么起眼”的柏村，这个村庄在成都市村级公共服务与管理资金制度改革的激励下，激发村民的内生动力，实现了乡村人居环境的自主治理，因此，柏村成为本书研究政府治理结构下乡村人居建设内生动力制度逻辑的研究素材。

正如费孝通先生所言，选择调查单位要考虑两个标准：①出于调查的可操作性的考虑，要求调查对象必须是“调查者容易接近的并且便于调查者进行密切观察”的范围；②出于研究主题和研究目的的考虑，调查对象要能够“呈现人们社会、经济生活的较完整的状态”，使得研究者能够实现其预定的研究目标。以上4个村庄相对而言是容易接近并便于观察的，并且这四个村庄还满足了3个条件：①所有案例都是普通村，在改革和建设之前，它们跟其他大部分村庄一样，不具有特殊的发展条件和契机，使得其经验有一定的普适性；②这四个村庄使得本书能够围绕政府治理和市场治理之下如何激发内生动力实现自主治理的核心议题展开充分讨论；③这4个村庄都是改革和建设中的案例，使得作者能够在过程当中观察内生动力的生成机制。

5.2.2　村庄调查的方式以及资料来源

笔者以挂职锻炼干部的身份调查重庆市 L 区石村、莲村和喜村，这种调查方式的优势在于能够全面地搜集与这三个村改革和建设有关的档案资料和数据资料，能够借助该身份轻松地展开与基层干部之间一对一访谈，但这种调查方式的局限也很明显，那就是在对村民进行访谈时，因为对方知晓了笔者的身份，所以在回答一些关键问题时会有所保留，笔者必须创造多样化的与村民接触的机会，从更为日常化的对话当中分析村民的真实态度。笔者调查柏村是以研究者的身份展开工作的，事先与该村的第一书记沟通了研究思路和研究目的，获得了他的支持，可以较为轻松地获取该村的档案资料和相关数据，并且由于该村干部和村民之间相互信任的氛围，作者可以很容易地介入村民的日常互动当中。

本书个案研究的资料主要有以下类型和来源。关于“三变”改革重点村石村和莲村的研究资料，首先是各级政府相关部门提供的“三变”改革方案和各参与主体之间签订的合约，比如村集体与市场主体签订的合作协议、参股村民之间签订的合作社章程，以及其他有关的调研报告等政府文件；其次是村委会提供的该村档案资料、规划方案资料以及相关数据统计资料；再次是与包括该区发展和改革委员会、农业农村委员会、村庄所在的 LA 街道、村委会在内的干部一对一访谈资料，以及与村民之间进行日常交流的记录。关于柏村和喜村的研究资料，首先是两个村庄所在乡镇以及两个村庄的村委会提供的政策文件资料和数据统计资料；其次是与乡镇干部和村委会干部进行一对一访谈的资料，以及与村民进行访谈的资料，大部分的访谈都有当场记录和事后补充，部分重要访谈在征得对方同意后进行了录音。

5.2.3　个案的地域背景

1. 成渝地区

作为个案研究对象的 4 个村庄分别位于重庆市和成都市，该地区的大部分村庄正是贺雪峰笔下典型的“原子型村庄”。研究对象所在的成渝地区双城经济圈位于我国长江经济带上游，同时，成渝城市群是“十四五”规划纲要当中确定的五大城市群之一。成渝地区一直以来都是我国实施西部大开发、城乡统筹和乡村振兴战略的要地。

2007 年 6 月 7 日，国家发展和改革委员会通过并批准了重庆市和成都市设立国家级统筹城乡综合配套改革试验区。经过十多年的改革探索，两个城市在开展新型城镇化建设和城乡一体化体制机制创新方面取得了众多成效。其中，重庆市实施“一圈两翼”的城镇化发展战略，加强小城镇建设，引导农村人口向城市合理流动；在城乡一体化体制机制创新方面，重庆市探索了城乡土地的“地票交易”制度，近几年又针对深化农村集体产权制度改革问题，在全市开展了“三变”改革的实践探索。成都市构建了“一城、三圈、六走廊”的城镇发展格局，逐步形成一个超大城市、六条走廊雏形、四个中等城市、四个小城市及区域中心镇所构成的市域城镇体系；在城乡一体化体制机制创新方面，成都市开创性地探索了农村集体经营性建设用地入市改革、建立了城乡均等化的公共服务保障体制（陈映 等，2009）。

2. 重庆市L区LA街道、LB镇

重庆市的3个村庄案例分别位于L区LA街道、LB镇。L区位于重庆市城镇化空间布局当中的“一圈”以内，与重庆主城区仅一山之隔，能够方便地与主城区共享各种公共交通资源。L区是重庆市4个“主城都市区同城化发展先行区”之一，是西出重庆的必经之路，公路交通极为便捷，同时，L区也是成渝双城经济圈的重要节点。

L区面积仅914.55km^2，该区2020年GDP为747.09亿元，在区县当中排名全市第六，人均GDP约为9.9万元，在区县当中排名全市第一。L区的整体地势为“两山夹一谷”，地形地貌以低山、丘陵、宽谷为主，境内堰塘水系众多，具有开展多样化农业生产的地形优势，素来有重庆市民的“菜园、果园、花园”之美誉。

石村和莲村所在的LA街道位于L区南部，以工业为主导产业，同时LA街道所在的区域又是L区的“花园”，其乡村地区的农业生产以花卉苗圃种植为主，具有一定的观赏价值。LA街道境内有东西向的渝昆高速、九永高速以及南北向的合璧津高速穿过，并且毗邻拟建的重庆市第二国际机场，区位交通优势显著。

喜村所在的LB镇位于L区北部，因清代实行的里塘制而得名，该镇位于“渝合十塘”古驿道之上。同时，该镇的部分村庄还利用低山、丘陵的地形和水源优势，种植樱桃、柑橘等兼具观赏和采摘体验价值的经济作物，LB镇及周边乡镇的水果采摘节在重庆市主城区已颇具影响力。

3. 成都市H区HC镇

成都的村庄案例位于H区，地处成都市西北部，与成都市区之间有多条轨道交通和城市快速路相连，都江堰市、H区、成都市区之间的连线构成了成都的东西向城市发展轴。H区地处都江堰自流灌区之首，境内地势平坦、林盘遍布、土壤肥沃，

柏条河等多河并流，农业生产优势显著。H 区农副产品加工业较为发达，正在打造全国唯一的川菜产业化园区，其主要农副产品品牌价值已达 649.84 亿元，农副产品加工业为当地农民就地就业创造了条件。2020 年 H 区 GDP 为 655.53 亿元，人均 GDP 为 10.9 万元。

柏村所在的 HC 镇位于 H 区西北部，位于上风上水的成都城西龙头核心区，农业生产的自然条件优越，常年种植蔬菜、花卉和水稻。

5.3　个案研究的技术路线

5.3.1　区分政府与市场治理展开激发乡村人居建设内生动力的个案研究

在个案研究部分，本书围绕普通村庄如何在乡村人居建设的政府和市场治理路径之下促成村民合作并形成多中心治理的核心议题，深入个案村庄的内部，对其乡村改革和建设的过程进行记录和研究。个案研究总体上遵循科斯（2014）提出的关于真实世界经济学的经验研究思路与方法，即“客观地研究某种活动在各种不同制度内的实际工作情况，从而去发现能够指导我们如何组织和经营各种活动的普遍原则”。

本书第 6 章和第 7 章的个案研究，将区分政府治理和市场治理两种村庄公共品供给路径研究乡村人居建设内生动力问题，每章均包含以下三方面内容：①分析乡村人居建设在不同制度下的实际运行情况，其中“不同制度”包含了两个层次，第一层次是政府治理和市场治理制度，第二层次是四个村庄个案展现出来的政府治理或者市场治理制度之下的不同运行机制；②分析乡村人居建设运行情况背后的制度逻辑，即原因分析；③是通过案例比较总结在乡村人居建设中激发内生动力的绩效和普遍原则。

在制度逻辑分析和普遍原则总结方面，本书运用了对比研究的方法。威廉姆森（2020）认为，通过不同合同的比较研究是分析不同制度之下交易成本情况的有效方法。通过激发内生动力的案例和对照案例的对比研究，使得本书能够分析相同治理结构不同合约之下村民合作所面临的交易成本差异以及村民合作或者不合作的制度原因，并进一步归纳激发内生动力的四大机制和影响因素的一般特征，尽量实现“实例的一般化”。需要说明的是，要比较两个独立的制度安排的交易成本，往往并不需要运用复杂的数学方法或者求出其边际值（Simon，1978），本书将实例进行对比研究的目的，在于分析不同的合约之下所产生的交易成本的情况以及交易主体之间行为特征的差异。

5.3.2 分析乡村人居建设在不同制度之下的实际运行情况

本书 6.1 节和 6.3 节以及 7.1 节和 7.3 节，将分别分析 4 个案例村庄的乡村人居建设在政府治理或市场治理之下的实际运行情况。其中，喜村和柏村为我们研究政府治理之下的乡村人居环境整治的实际运行情况提供了素材；莲村和石村为我们研究市场治理之下的乡村空间资源开发的实际运行情况提供了素材。

本书所研究的乡村人居建设实际运行情况，主要包含了三个方面的内容：乡村人居建设的运行机制、受运行机制影响之下的乡村人居建设参与主体的行为特征以及由此带来的乡村人居建设成效和困境。对乡村人居建设实际运行情况的研究，有助于本书发现不同制度之下，乡村人居建设内生动力的现实状况以及可能引发的乡村人居建设困境和问题。

本书对于乡村人居建设运行机制的分析，主要基于相关政府文件以及相关合同与协议的归纳和整理；对于乡村人居建设参与主体的行为特征分析，主要基于笔者在跟进村庄改革和建设过程中，对于各类参与主体的行为观察以及对于政府官员、乡村精英、经营主体、村民的访谈与交流；而对于乡村人居建设成效、困境与局限的分析，则基于基层政府、乡村精英为作者提供的翔实的基础资料。

5.3.3 分析乡村人居建设运行情况背后的制度逻辑

本书 6.2 节和 6.4 节以及 7.2 节和 7.4 节，主要分析 4 个村庄案例中，乡村人居建设参与主体之间合作或者不合作的制度逻辑，即分析促成乡村人居建设主体之间合作、激发内生动力的原因。该部分的分析将遵循以下基本思路：①分析乡村人居建设运行机制背后蕴含的合约关系，这种合约关系决定了乡村人居建设主体之间的博弈格局；②合约的运行是需要付出成本的，不同的合约关系使得乡村人居建设主体之间的交易面临着不同的成本；③由于交易成本就如同摩擦力一般广泛存在于真实世界当中，交易成本并非导致建设主体之间不合作的直接原因，原因分析的重点在于对四个村庄控制合作成本的四大机制的研究和讨论，通过对比相同治理路径之下不同案例的乡村人居建设交易成本以及控制成本的四大机制的特征差异，发现并总结促成合作、激发内生动力的制度原因。

5.3.4　通过案例比较总结激发内生动力的绩效和普遍原则

本书 6.5 节和 7.5 节，通过喜村与柏村、莲村与石村的对比研究，分别总结了在乡村人居建设政府治理与市场治理路径之下激发内生动力的绩效以及普遍原则。激发乡村人居建设内生动力的绩效分析包括建设绩效、村庄“人、地、财、权”状况等治理绩效以及乡村空间资源开发项目抵御市场风险的能力等内容。对于激发乡村人居建设内生动力绩效的研究，使得本书得以解答合作能否比不合作带来更多社会产品的问题，论证激发内生动力有助于实现可持续的乡村人居建设与全面的乡村振兴。

更重要的是，该部分需要进一步总结在乡村人居建设中激发内生动力的普遍原则。对于普遍原则的总结，主要是基于柏村和石村分别在政府治理和市场治理路径下激发内生动力的实践经验，总结其控制合作成本的四大机制所具备的特征，以及四大机制的形成需要调动哪些关键的制度与非制度因素。从而实现将复杂的运行规律和制度逻辑抽象化，实现实例的“一般化”。

5.4　小结

本章提出了多层次的个案研究问题：普通村庄激发内生动力何以可能？政府、市场治理结构下激发内生动力何以可能？激发内生动力的制度逻辑是什么？合作比不合作是否能带来更多社会产品？为了探寻这些问题的答案，笔者在走访调查了数十个位于长三角、珠三角、中西部地区的村庄之后，筛选了 4 个位于成渝地区的、便于作者在基层工作中长期跟踪调查的普通村庄作为个案研究的对象。这 4 个村庄符合研究要求：①所有案例都是普通村，在改革和建设之前，它们跟其他大部分普通村庄一样，不具有特殊的发展条件和契机，使得其经验有一定的普适性；②这 4 个村庄使得本书能够围绕政府治理和市场治理之下如何激发内生动力实现自主治理的核心议题展开充分讨论，并且，这 4 个村庄刚好能被划分为 2 组，每组当中具有激发内生动力的成功案例和对照案例，使得本书可以展开对比研究；③这 4 个村庄都是改革和建设中的案例，使得作者能够在过程当中记录、分析和总结内生动力的生成过程与生成机制。

为了解答在乡村人居建设政府治理、市场治理路径下激发内生动力的制度逻辑的核心问题，本书接下来将区分政府治理与市场治理展开个案研究，每一部分均遵循“分析乡村人居建设实际运行情况”—“分析制度逻辑”—“总结普遍原则”的个案研究技术路径，如图 5.1 所示。

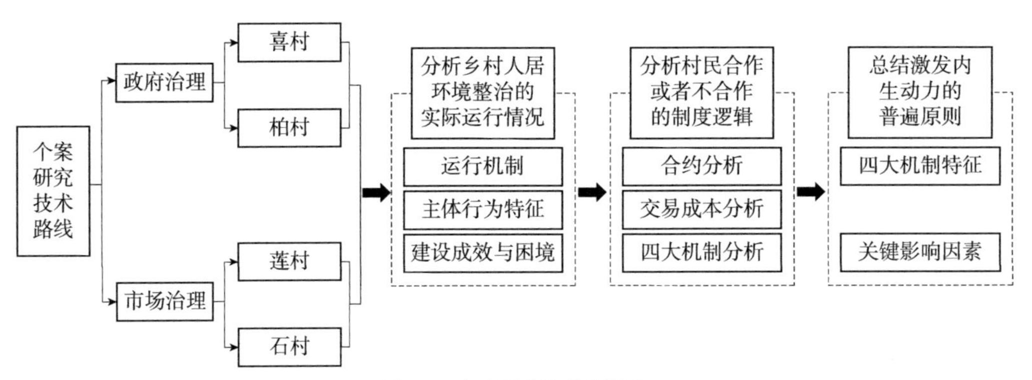

图 5.1 个案研究技术路线图

第 6 章

政府治理之下的内生动力研究：喜村、柏村的人居环境整治

本章将围绕政府治理路径展开个案研究，研究对象是重庆市 L 区的喜村和成都市 H 区的柏村，试图从自下而上的基层制度创新所带来的合约关系变化着手，分析政府治理路径下激发乡村人居建设内生动力的奥秘。着重探讨在政府主导的乡村人居环境整治的常规机制之下，重庆市 L 区喜村村民的不合作行为特征及其无法激发内生动力的制度逻辑；以及在财政下乡制度创新之下，成都市 H 区柏村村民与村干部的行为特征及其成功促成合作、激发乡村人居建设内生动力的制度逻辑；并通过案例对比研究，分析在人居环境整治中激发内生动力的绩效，总结政府治理路径下激发内生动力的四大机制及相关影响因素。

6.1 喜村常规治理机制之下的村民行为与建设情况

2018 年以来，重庆市 L 区整合区农业农村委、城乡建委、环保局等 12 个部门的财政专项资金总计 8.54 亿元投入该区的农村人居环境整治三年行动中。村庄环境卫生得到提升，实现了 95% 以上的建制村生活垃圾得到有效治理，卫生厕所普及率达到 95%，农村生活污水处理率达到 85%。村容村貌得到改善，例如，建设完成村民小组畅通公路 942km、建设完成入户道路 160km、安装公共照明路灯或庭院灯 2400 盏、实现村庄公共场所绿化 15hm^2、完成旧房整治提升 1.35 万户。

喜村位于 L 区 LB 镇北部的“渝合十塘”古驿道上，距 LB 镇场镇 2.5km，村域面积 8144 亩，户籍人口 3078 人，常住人口 1170 人。被评为重庆“市级美丽宜居村庄”“市级乡村治理示范村”，是 L 区 8 个农村人居环境示范点之一，其人居环境整治的重点工作是打造了 2 个示范性院落幺滩院子和向家院子。

6.1.1 乡村人居环境整治的常规机制

1. 组织与动员机制

L 区建立了“区—镇—村”三级组织管理结构。①成立全区农村人居环境整治工作领导小组，由区政府主要领导任组长，区农业农村委员会会同区级有关部门负责督查考核验收工作。②区人居办会同各乡镇、街道负责人成立督查工作组，每周最少 3 天深入农村查找人居环境问题，形成问题清单反馈到各乡镇、街道逐一整改销号。③喜村成立由村党支部书记、村民委员会主任为双组长的农村人居环境整治工作领导小组，承担全村相关工作的综合协调、监督执行、检查评比等工作。

喜村借助村广播系统、“微访谈”“三会一课”、宣传公示栏、院坝会等各种媒介和时机，扎实开展农村人居环境整治工作的宣传引导。发放宣传单 3000 余份、规范张贴海报和横幅 50 余张、召开大小宣传专题会 40 场次，为近 2 万人次进行了农村人居环境整治工作宣传。

2. 日常管护机制

喜村建立了志愿服务与义务服务相结合的日常管护机制，明确“三包”责任体系。①建立 1 支 50 余人的志愿服务队，主要负责本村公共区域的环境管护工作（包括垃圾清理、转运等），同时代表村委会监督、检查村内聘请的专业清洁公司和保洁人员的垃圾清理和转运质量与效果。②按照“保证待遇、适度锻炼、促进生活、服务群众”的原则，经村民代表大会研究和征求部分低保人员的意见，建立低保人员每月进行义务服务 1 天的常态化制度。主要从事少量田地、竹林等区域的清洁工作，为环境整治作贡献。③建立 1 名驻村领导包村、5 名机关干部包社、11 名村社干部和 32 名党员包院落（户）的“三包”责任体系，驻村领导、机关干部、村社干部和党员充分发挥先锋模范作用，在做好自家或亲戚家的环境整治的同时，引导 1000 多常住群众深入开展环境整治，将做好农户自家院落及周边环境的清洁整治作为“常态服务”的重要部分，确保全村农户院落环境得到全面整治提升。

3. 考核与评比机制

L 区建立了季度考核机制，每季度针对全区各乡镇、街道的农村人居环境整治情况进行考核评比。具体考核方法是：①随机抽取各镇街辖区内 1 个建制村作为样本村，聘请第三方机构对样本村人居环境整治的各项工作推进成效进行暗访并录制暗访视频，暗访发现违规事项，按统一的评价标准进行扣分，基础分 100 分，扣分不设上限。样本村暗访得分即为该镇街考核评价得分；②视频暗访片中的问题，未按要求在规定时间内整改到位的，发现 1 件次，在镇街考核评价得分基础上扣 10 分；③针对各项工作任务落实不力被上级政府曝光或被通报的，造成较大影响的，设立否决项，出现否决项中的情况，镇街考核评价得分为 0 分。

L 区根据季度考核评分对各街道、乡镇进行排位并通报，再根据不同的排位次序，按照“以奖代补”的方式，对各乡镇、街道给予工作经费补助。每季度排序第一名的乡镇获得奖补资金 14 万元，每季度最后一名的乡镇没有奖补资金，每位次差额 1 万元，对考核排名后 3 位的镇街领导进行约谈。另外，按照每个村每年 2 万元的标准，对各镇街推进人居环境整治工作进行基础性补助。该区每季度安排 105 万元对乡镇、街道进行激励考核，每年度安排 318 万元对村庄进行基础性补助。

喜村定期开展村级院落评比活动，按照《LB镇喜村美丽乡村建设考核评价实施办法（试行）》《农村卫生改厕项目实施方案》《村环境卫生保洁工作考核细则》等文件的评价标准，开展“美惨了我的院”活动评选，月评选“清洁户”、季评选“整洁庭院”、年评选“美丽庭院”，激励村民转变观念、爱护环境。

6.1.2 常规机制之下村民的行为

1. 村民不愿意主动参与乡村人居建设与日常维护

喜村的人居环境整治由财政资金投入、由地方政府推动，虽然工作推进之初基层政府对相关工作进行了大量的宣传和引导，但村民仍然普遍认为人居环境整治是国家的事、是地方政府完成国家交予的一项任务。对于村庄的基础建设，村民并没有主动参与的动机，形成了一种坐享其成的思维和行为习惯。比如2个示范性院子的规划设计全部由设计公司和基层政府负责包办，村民全过程没有参与；该村的通组道路和入户道路，以及示范性院落的院坝、广场，甚至院落房前屋后的竹编篱笆都由聘请的工程公司进行施工建设或者制作；村庄路灯的安装以及公共场所绿化也是由专门的施工队完成实施。然而，这些对专业性要求并不太高的工程，原本是可以通过村民的集体协作来完成的。

同时，村民们也不具备对人居环境进行主动维护的观念和行为。喜村人居环境的日常维护采取的方式是发动干部、党员发挥带头示范作用；组建“志愿”服务队代替村民完成日常维护活动，但“志愿”服务队并非自愿组织起来的，参加“志愿”服务的队员每人每天发放50元报酬作为激励；发动低保户等困难群体进行义务服务。

2. 村民不愿意改变固有的行为、生活习惯

从《重庆市L区美丽乡村建设考核评价标准》可以看出，大多数与人居环境整治相关的标准都是针对当前村庄普遍出现的环境卫生问题，而这些问题大多数是由于村民的固有生活习惯导致的。比如，评价标准要求村民对自家房前屋后柴草重新整理、有序堆放，要求村民不要往公共区域乱扔乱倒垃圾，要求村民对垃圾进行分类收集以及要求村民对家禽和菜地的围栏进行整理。然而这些要求在人居环境整治初期遭到了一些村民的抵触和反对，基层干部只有发动志愿服务队的队员替代不愿意整理的村民完成相关工作。

3. 少数村民不配合人居环境整治工作

在人居环境整治过程中，幺滩院子和向家院子都出现了少数村民为了个人利益阻挠人居环境整治工作的现象。例如，有村民认为示范性院子的改造不符合个人的日常生活需求，或者给其生活带来了不便，于是私自将院落当中刚栽下的景观树移走，以表达不满；另外，因为该村大多数土地都已经流转给种植专业户经营，自留土地极少，在人居环境整治的过程中，又有一部分非农用地被用于院落景观美化，这也引起了一些村民的不满，有些村民干脆将景观花卉拔除，重新栽上蔬菜。政府主导的乡村人居建设活动当中，一旦缺乏能够调动村民积极性的制度设计，村民就会为了维护个人利益而提出各种各样的要求，而地方政府就需要不断地介入这些村庄事务调停村民的利益矛盾，以至于乡村人居建设工作推进起来困难重重。

6.1.3 喜村人居环境整治的成效与困境

1. 人居环境整治的建设成效

喜村在政府财政专项资金的不断投入之下，仅用了2年时间就全面提升了村庄整体面貌、改善了基础设施，并打造了2个示范性院落，具体投入情况见表6.1。

喜村人居环境整治的财政资金投入情况（单位：万元） 表6.1

<table>
<tr><th colspan="2"></th><th>房屋拆旧重修院坝广场硬化</th><th>污水设施</th><th>文化打造</th><th>绿化打造</th><th>路灯</th><th>小计</th></tr>
<tr><td rowspan="2">示范性院落</td><td>幺滩院子</td><td>150</td><td>50</td><td>33</td><td>10</td><td>1.5</td><td rowspan="2">467</td></tr>
<tr><td>向家院子</td><td>130</td><td>50</td><td>30</td><td>10</td><td>2.5</td></tr>
<tr><td colspan="2">卫生厕所改造</td><td colspan="6">126</td></tr>
<tr><td colspan="2" rowspan="2">村庄道路硬化</td><td>20km的通组路</td><td colspan="2">4km入户道路</td><td colspan="2">场镇到喜村以及2个院子之间的连接路扩宽</td><td>小计</td></tr>
<tr><td>3000</td><td colspan="2">240</td><td colspan="2">1000</td><td>4240</td></tr>
<tr><td colspan="2">总计</td><td colspan="6">4833</td></tr>
</table>

（资料来源：笔者根据与L区LB镇干部访谈情况整理绘制）

（1）村庄人居环境全面改善。一是加大道路硬化及庭院改造力度，全村硬化通组道路超20km、入户道路4km；二是加大生态污水处理设施建设力度，建成2个生态湿地污染处置设施和2套污水净化一体化设备；三是加大乡村生活垃圾收集转运力度，配备3名专职清洁员，建成垃圾“四分类”回收示范村；四是加大卫生改厕工作力度，完成900余农户的卫生厕所改造。

图 6.1 喜村示范性院落整治效果

（2）着重打造了 2 个示范性院落，向家院子和幺滩院子，院落整治效果如图 6.1 所示。向家院子：院子紧邻村庄主入口，改造的项目主要包括修建青条石步道 426m，修建虎皮石道路 323m，改造休闲活动广场 1700m^2，改造卫生厕所 50 户，安装污水净化一体化设备 1 套，新增绿化面积约 1500m^2，安装路灯 25 盏，并对入口空间进行综合整治，打造“齐家喜观”主题乡村景观。幺滩院子：打造了以“乡愁幺滩”为主题的人居景观；改造危旧房 7 处和修缮 2 处，拆除破旧房屋 280.69m^2；改造虎皮石人行道 384m，改造混凝土车行道 320m；改造 780m^2 活动广场 1 个，新增休闲观光长廊 3 个；改造庭院地面 1353m^2；改造卫生厕所 14 户；在污水治理方面，新增污水管网 550m，新建污水调节池 1 个，并建设一体化污水处理系统 1 套；畜禽污染整治方面，新建鸡舍 18 个；整治院落附近的水体约 1200m^2，增植绿化面积约 600m^2，增设路灯 14 盏。

2. 由村民不合作造成的持续供给的困境

1）乡村人居建设不可持续

以政府为主导的人居环境整治，第一个难点在于资金投入的不可持续。喜村所在的 L 区进行人居环境整治的任务仍然很严峻，L 区政府在农村人居环境整治三年行动当中的资金投入情况见表 6.2。该区计划继续推进包括 LB 镇的喜村、建设村、将军村以及八塘镇智灯村、街心村在内的 5 个村庄将近 30km^2 的连片整治示范区的建设，需要追加接近 1 亿元的财政专项资金投入。所以已经打造出示范点的喜村想要持续获得财政支持是非常困难的，然而喜村除了两个示范性的院子以外，还有很多需要进一步完善的地方，比如喜村大部分的院落未来都面临着实用性人居环境整治，虽然相对于示范点而言整治标准会有所降低，但需要的资金投入仍然非常可观，据估计，一个 20 户人口的院落完成实用型院落整治的成本约 30 万 ~ 40 万元，全村的实用型院落整治预计需要继续投入约 1700 万元的财政项目资金，实用性院落整治效果如图 6.2 所示。

图 6.2 喜村实用性院落整治效果

L 区人居环境整治的项目资金投入情况（单位：万元）　　表 6.2

牵头单位	项目	2018 年	2019 年	2020 年	3 年合计
区城市管理局	农村生活垃圾治理	500	500	270	1270
区城市管理局、区农业农村委、区生态环境局	开展农村生活垃圾分类和资源化利用	352	37	—	389
区生态环境局	镇街污水管网改造	180	—	—	180
区城乡建委	—	1285	3218	—	4503
区交委	通组公路工程（“四好农村路”）	29376	19819	1623	50818
区林业局、区城乡建委	村庄绿化工程	—	2368	674	3042
区城乡建委	旧房整治提升	568	1500	750	2818
区城乡建委	完成农村危房改造	6922	4437	642	12000
区城乡建委	培训农村建筑工匠	3	3	—	6
区规划自然资源局	村布局规划编制	49	334	0	383
区规划局、区文化委	1 个市级历史文化名村保护修缮	32	0	0	32
区生态环境局	农村生活污水治理工程	—	1243	407	1650
区生态环境局	因地制宜治理农村分散污水	—	—	268	268
区生态环境局	河塘沟渠疏浚和农村黑臭水体治理	—	—	679	679
区卫生健康委	实施农村户厕改造	450	—	—	450
区农业农村委	治理厕所粪污	—	260	—	260
区文化委	旅游厕所建设	62	43	39	145
区文化委	村庄文化工程	30	30	—	60
区供销社	废弃农膜回收利用体系建设	10	70	130	209
区农业农村委	入户道路工程	970	658	1596	3224
区农业农村委	农作物秸秆综合利用	—	8	35	43
区农业农村委	开展村庄清洁行动	—	125	—	125
区农业农村委	农药包装废弃物回收	—	89	60	149
区农业农村委	农村综合改革人居环境整治提升	—	720	—	720
区农业农村委	人居环境美丽乡村考核	—	528	633	1161
区农业农村委	脱贫攻坚、人居环境宣传	—	—	30	30
区农业农村委	农村人居环境区级示范点	—	—	800	800
合计		40788	35990	8637	85415

（资料来源：L 区农业农村委员会提供的资料）

2）人居环境整治效果难保持

以政府为主导的人居环境整治，第二个难点在于整治效果难保持。一方面，效果的保持需要一套日常管护机制作为保障，落实这套管护机制需要多部门协作以及对村民进行长期的动员、引导和监督，让村民参与到日常管护中来，并且还要让村民从被动参与转变为主动参与；另一方面需要建立监督机制，对村民的日常行为习惯以及基层政府的日常管护工作进行长期的巡查和监督。像这样需要多层级多部门协作的琐碎烦冗的工作需要持续很长一段时间，直到大多数村民的日常生活习惯全面地发生转变，否则，一旦过早放松了监管力度，人居环境整治的效果将会反弹。此外，整治效果的日常维护需要资金支持，该村每年对于环境和设施的维护需要花费一定的资金，单靠每年 2 万元的基础性村庄补助以及 LB 镇每个季度获得的考核奖补资金是难以维持的。

6.2 喜村村民不合作行为的制度逻辑分析

6.2.1 常规机制下基层政府与村民之间的合约

在常规的人居环境整治机制之下，基层政府与村民之间“签订”了一个不成文的合约，合约的内容是由地方政府出资、出方案对村庄人居环境进行系统性整治并雇用施工队实施，而村民需要改变固有的不良生活习惯，并按照一定的标准对房前屋后的环境卫生进行日常的维护。同时，人居环境整治有可能会占用少数非农用地用于村落景观美化，有可能会需要拆除村民的部分危房或者改变其功能用途，会涉及资源的产权交易。

这是政府项目制落地过程中，基层政府与村民之间最常见的合约，然而这种合约却由于供给者和受益者不一致而存在着激励错位的情况：付出大量实施成本的基层政府并不能从公共品供给中直接获益；而村民作为直接受益者，在实施过程中却不需要支付任何实施成本，并且建设完成后的公共产品可以让所有村民免费使用。这种激励错位具体体现在以下两个方面：

（1）基层政府作为实施人居环境整治的主体，并不具备进行村庄公共品供给的有效激励。自人民公社解体之后，乡镇一级的基层政府由原来的“寻利中心”变为“政治经济中心”（邓宏图 等，2007），在税费改革之前，虽然有“三提五统”作为公共品供给的“制度外”筹资渠道，但是基层政府失去了供给公共品以促进农业发展的强大激励，失去了协调集体行动的强大动机（邓宏图 等，2017）；分税制和税费改革之后，基层政府的财权与事权不对称，基层政府对于项目资金的使用缺乏自主支配能力，造成基层财权不足而事权过大，致使缺乏有效激励的基层公共治理与乡村社会需求脱节。

（2）原本合约的目的是“国家为村民办好事”，合约之下公共品生产的全过程由基层政府负责，但村民作为最大获益者仍然不可能从集体利益出发主动履行合约，村民们大多关心个体既得利益在基层政府主导的公共品生产过程中是否会受到影响。因此，项目制之下的公共品供给合约，在缺乏对村民恰当激励的情况下，会出现村民跳出来当“钉子户”的奇怪现象，需要基层政府调平各家各户的利益关系，村民和基层政府之间互不信任的氛围、个体的有限理性和机会主义会导致大量的交易成本。

6.2.2　地方政府与村民之间的合作成本

由于人的有限理性和机会主义特征，所有合约都不可能自动运行（奥斯特罗姆，2012）。喜村人居环境整治的常规机制运行的成本源于村民和基层政府的有限理性和机会主义特征，源于村民和基层政府之间的互不信任的氛围，以及二者之间信息不对称的状况。根据威廉姆森将交易成本分为事前成本和事后成本的基本逻辑，本书将案例中涉及的交易成本区分为缔约成本和履约成本。缔约成本主要包括村民和基层政府事前沟通和协商的成本；履约成本主要包括对基层政府和村民履约情况的监督成本，以及对村民利益矛盾进行调停的成本。

1. 沟通与协商成本

人居环境整治的前期动员、设计与实施、后期管护，都需要政府部门或者设计团队与村民进行充分沟通和协商，会产生大量交易成本。该区地方政府采取构建三级组织管理结构的制度设计策略，试图将与个体村民直接交易的高额成本分散到不同层级的组织结构当中。在前期工作动员阶段，区级有关领导和部门多次在喜村召开人居环境整治动员大会，村干部通过“微访谈”“三会一课”院坝会、召开宣传专题会等渠道，对村民进行宣传和引导。为了完成与分散村民的沟通和协商工作，基层政府持续地付出了大量时间和精力，如发放乡村人居环境整治宣传册 3000 余册，张贴海报和横幅 50 余幅，召开专题宣传会 40 余场，这些就是基层政府为了动员村民参与合作所付出的缔约成本。

2. “钉子户”成本

当基层政府直接主持村庄项目建设时，村民会认为那是政府在搞建设，虽然人居环境整治涉及的都是村民房前屋后的小事，不会引发村民与地方政府之间的利益矛盾，可是在实施的过程中，基层政府服务的对象具有多元化的、差异化的日常生活需求，而基层政府作为外部主体无法获得详尽的关于每一位服务对象的准确信息；并且公共品生产的过程难免会出现为了实现集体的利益而影响个别村民既得利益的情况，大部分村民都不会是“天生的利他者”，当村民认为自己的原有利益受到影响时就会提出异议，并且这种行为会在对等者当中传播，由此产生的大量“钉子户”成本和利益调平成本需要基层政府来买单。

3. 监督成本

由于缔约双方都不具备主动履约的激励，监督机制就变得尤为重要。①上级政府必须加强对基层政府履约行为的行政监管；②村民也未形成对人居环境进行自发、主动维护的氛围和机制，在未来很长一段时间内仍然需要各级政府对人居环境的日常维护工作进行持续的监督和巡查。因此，我们观察到L区政府为了保持人居环境整治的效果，设置了层级化的监督机制。由区“人居办”以及各乡镇、街道负责人组成的督查工作组，每周至少3天深入各个村庄，对人居环境整治相关问题进行巡查，体现了地方政府对村民日常行为习惯的监督成本。此外，每个季度随机抽查样本村拍摄暗访视频对于村庄人居环境日常管护工作进行监督，所拍摄的暗访视频会在区政府常务会议上播放，并要求15名镇街“一把手”出席会议并现场认领问题。这些是上级政府为监督基层政府相关工作而付出的成本。

6.2.3 喜村合作成本控制机制的缺陷

基于喜村村民的行为分析和制度运行成本分析，我们认为在人居环境整治活动中，该村村民与基层政府之间并未形成良性的合作治理。任何交易都会产生成本，交易成本不是合作失败的直接原因，合作失败的原因在于政府治理的常规人居环境整治路径下，村民与基层政府之间合作成本控制机制的缺陷。

在项目制之下，常规的人居环境整治机制并没能为基层政府和村民提供有效激励，也没有找到能够满足基层政府和村民共同利益的“聚点”；常规机制之下，基层政府与村民之间的交流渠道是非常官方的，比如“三会一课”、院坝会、召开宣传专题会，通过这种官方的政策宣传会，村民和基层政府之间很难充分地相互了解，而频繁的日常沟通交流才是异质性的行为主体之间产生信任的有效渠道。在互信机制缺乏的情况下，双方的履约行为就需要强大的监督机制来进行约束，从而避免不遵守既定承诺所造成的合作成本。

政府治理最大的难题在于建立有效的监督机制。喜村的村民与基层政府之间、村民之间都不具备主动进行日常相互监督的动机。村民与基层政府之间不存在相互监督的动机，因为村庄人居环境整治并不能为基层政府带来直接收益，在缺乏有效激励的情况下，基层政府难以主动监督村民的日常行为；而村民不对公共品供给负责，只关注基层政府在实施过程中有没有损害其原有利益。村民之间也不具备相互监督的动机，原因有以下两点：①村民之间不存在利益捆绑机制，其他村民在人居环境整治中参不参与、改不改变不良习惯并不会对自身利益造成直接损害；②村民认为政府主导下的乡村人居建设，“钉子户”的利益矛盾应该由基层政府与村民协商解决，乡土社会内部规范对于村民的“钉子户”行为也是失效的。缔约双方不具备日常的主动监督的动机，于是，履约情况的监督只有通过“第三方”，即上级政府的“外部强制力”来实现。这种外部监督的最大局限在于信息不完全，上级政府必须花费大量成本获取足够准确的信息来实施制裁。这就是 L 区需要采取拍摄暗访视频的办法对人居环境整治效果进行监管的制度逻辑。

因此，政府治理之下，常规的人居环境整治机制未能促成村民采取合作行为的制度原因，不在于合作成本的阻碍，而在于不具备易于实施的成本控制机制。一方面，官方的交流机制不能达成村民和基层政府之间的相互信任；另一方面，缺乏互信的缔约双方无法实现日常化的内部监督，而依靠外部强制力进行监督的成本极高，进而导致监督的低效率。

6.3　柏村政府治理机制创新之下的村民行为与建设情况

柏村位于成都市 H 区 HC 镇西侧，距离市中心约 45km。由 2 个建制村合并而成，下辖 16 个村民小组，包含农户 1010 户，3075 人。柏村跟大多数普通村庄一样，既不具备有竞争力的优质资源，也没有获得政策倾斜的支持。主导产业是农业和以外来资本经营为主的农副产品加工业，集体经济基础薄弱。得益于地缘优势，该村村民虽大多数处于半工半耕状态，但跨省务工的村民较少。另外，农副产品加工业解决了很大一部分村民的就地就业问题。2018 年该村农民人均可支配收入达到了 20822 元。在开展人居环境整治之前，柏村的主要道路与农房院落入户道路都是泥土路，机动车和行人通行困难；全村没有安装路灯，无法保障村民夜间出行安全；村庄环境卫生缺乏维护，村民习惯于将生活垃圾随处乱扔，杂物随处堆放。

6.3.1 打破常规的政府治理机制创新

1. 村级公共服务与管理资金制度

成都市成为全国统筹城乡综合配套改革试验区之后，以推进城乡公共服务与社会管理均等化改革为切入点，加大对农村财政资金投入力度，并在项目制的基础上继续完善公共品供给机制。其中一项关于财政资源下乡制度的创新，对柏村的人居环境整治产生了积极影响：成都市改变与村庄公共品供给有关的财政资金输入方式，每年为每个村庄提供不少于 20 万元的、可用于公益项目建设的“村级公共服务与管理资金”，使村集体获得对少量财政资金的支配权，从而调动村集体自主解决公共品供给问题的积极性（杜姣，2017）。

2. 一事一议与财政奖补

村级公益事业一事一议本质上是调动村民和村集体的力量进行村庄公共品供给过程，在这种机制之下，村干部和村民成为村庄公共品供给的主体：村民会在考虑参与成本和收益的基础上，对其家庭是否参与、以何种方式参与公益项目建设进行决策；村干部会对村集体是否出资参与公益项目建设进行决策，其工作的积极性会直接影响公益项目建设方案的执行效果（李秀义 等，2016）。

然而，对村民和村干部积极性的调动是困难的，2009 年之前，普遍存在村级公益事业一事一议开展的困境，全国一事一议开展村庄比例仅为 14%（胡静林，2013）。为了改变这一困境并进一步发挥村民和村集体参与村庄公共品供给的制度优势，2008 年国务院农村综合改革工作小组提出了三大措施：①国家财政对村民和村集体的筹资筹劳行为进行奖补，一般奖补额达到村民出资的 50% 左右；②出台针对地方政府的一事一议工作绩效考核标准，调动各级地方政府推进一事一议工作的积极性；③通过绩效考核的调整将基层政府的相关工作压力转移到村干部，激发村干部推进一事一议工作的积极性[①]。

---

① 参见：关于开展村级公益事业建设一事一议财政奖补试点工作的通知 [EB/OL].（2008-02-27）[2020-06-02]. http://www.gov.cn/zwgk/ 2008-02-27/content 902640.htm.

而成都市每年为每个村庄提供的“村级公共服务与管理资金”，按规定必须在一事一议的制度框架下，由村民议事会商议并决定其使用方式，由村委会负责管理公益项目的具体实施过程。于是，以村民议事会为组织依托和最高决策机构的一事一议村级民主议事机制，因为财政资源下乡制度改革而运转起来。

3. 跨村选拔第一书记

2013 年，HC 镇突破村域的限制，采用跨村交流任职的方式为柏村选拔任命了新党支部书记。这位外来书记是整个 H 区首位跨村任职的村党支部书记。

6.3.2　机制创新之下村民与村干部的行为

1. 村干部的激励与行为

（1）“外来书记”的激励机制与发挥的作用。柏村这位名叫李波的“外来书记”在上任之前曾是一位颇有实力的企业家，不但具备较强的经营、管理、组织能力，还具有极强的乡土情怀与奉献精神。这些是其能够长时间专注地投入“三农”工作的基础条件。同时，由于这位“外来书记”是 H 区第一位跨村任职的书记，上任之初就背负着来自上级政府以及基层群众寄予的希望和给予的压力。他有着强烈的动机去了解柏村和村民、解决村民面临的困难、改变村庄的现状。这位“外来书记”做了几项重要的工作：一是走访群众、了解村民，也让村民了解他；二是改变了村干部的工作方式与激励机制，让村内的五职干部凝聚为一个积极的、具有能动性的团体；三是充分利用自身的政治资源为柏村争取了尽可能多的奖补资金；四是利用人脉资源为柏村的项目建设争取更低价格的原材料，比如，深受本村和附近村民喜爱的景观长廊，就是这位书记通过私人关系以极低的价格“淘”来的二手物品，一个 20m 的木质长廊总共仅花费了 1 万元。目前，这位“外来书记”的工作已经得到了上级领导和基层群众的普遍认可，开始兼任邻村建丰村的村党支部书记，未来他将接手管理一个由柏村与建丰村合并而成的大型村庄。

（2）其他干部。这位“外来书记”上任之后，针对村干部缺乏工作积极性的状况以及村干部工作中遇到的普遍困难，建立了绩效考核制和人性化的双岗运行制对五职干部的工作进行激励；小组长和村民议事会成员则通过村民推选制实现有效激励。五职干部、小组长和村民议事会成员组成了柏村乡村人居建设的组织者，不仅在村民的动员、联络、协商、意见反馈等方面发挥了积极作用，还是村民当中的行动表率。

2. 村民的激励与行为

1)“看得见”的内生动力

初次在柏村进行走访调研时，笔者就观察到这个村与以往调研过的村庄有一个显著的不同：但凡书记或其他干部在村里走动，村民家中只要有人看到了，都会主动走到院子外面跟干部们打招呼，有的村民还会顺便询问一下村庄公共事务的进展情况。这一现象至少说明两点：

（1）大部分村民与村干部之间是互相信任、互相认可的，并且村民愿意与村干部进行沟通交流。李波告诉笔者，在他上任之初，村民对村干部们的态度是截然不同的，由于近年来村干部花费了大量时间和精力创造机会与村民进行面对面沟通，不仅搜集问题，还为村民解决了不少实际问题，村民们对村干部的态度才逐渐转变，双方逐渐建立起相互信任的关系。

（2）大部分村民是关心村庄公共事务的，他们处于一种随时响应的状态。村民的这种状态很容易从村庄的日常大小事务中观察得到。比如在一次下乡走访过程中，李波发现一户农家院落外的沟渠被污染了，可是户主并不知道污染源是什么，于是李波就请她先把沟渠清理了，污染源头事后再慢慢查，这位村民毫无怨言地答应了李波的要求，并开始着手清理沟渠。另一件事是柏村 4 社的村民筹资建设乡村休闲旅游试点项目。事情起源于 2020 年初，柏村组织了抗疫志愿服务队，4 社的服务队成员工作之余在与村干部的闲聊中，达成了在 4 社建设乡村休闲旅游试点项目的共识。该村大概花了半年时间，确定了一个简单实用的规划设计方案，并获得了 4 社全体村民的认可。同年 7 月，4 社村民开始筹集资金，仅用了半个月的时间，4 社实现了自筹资金 100 万元。李波是这么描述这个事情的：

我们村虽然集体收入不高，但我们也是“不差钱”的，因为村民非常支持自筹自建项目，我们差的是合适的项目。这次旅游项目开发，4 社村民原本可以筹资 300 万元，但出于项目风险考虑，我们跟大家解释，先筹集 100 万元，先把初期建设工程完成，运营一段时间再进行下一次筹资。

关于此事笔者曾经与村民讨论过可能存在的项目风险问题，一位村民是这么回应的：

这次筹资我家出了 2 万元，不是最多的，但也不少。我拿这个钱出来，其实也并不指望能从这个项目赚多少钱，能赚钱最好，不能也无所谓，因为按照规划实施，我家房前屋后的环境能改善不少，如果是我家自己搞，2 万元肯定做不成这样的。

由此可见，柏村的大部分村民愿意“自掏腰包”，不是因为不懂得考虑投资风险，而是因为项目建设所带来的人居环境的改善为他们提供了最好的“保底收益”。正因如此，我们也就不难理解为什么柏村大部分的村民愿意损失少量个人利益来支持村庄的集体行动。柏村的大多数村民与村干部之间形成了互信合作的关系，并且关心和支持村庄的集体行动，为了村庄集体利益，村民愿意出力、出钱，也愿意损失少量的个人利益。柏村村民的内生动力是能够“看得见的”，其力量已渗透到村庄建设的方方面面，村民参加入户道路改造工程，如图6.3。

图6.3 柏村村民参加入户道路改造工程
（资料来源：柏村村委会提供）

2）自豪感维持了村民的持续合作

当村民的自筹自建小有成效后，柏村与邻村在村庄建设方面已经非常明显地拉开了差距。比如柏村开展的“我为柏村点盏灯”活动，发动村民在自家院墙外安装简易路灯。每到傍晚，邻村村民更愿意到柏村散步、跳舞，柏村村民从邻村村民口中听到了赞美，一种对自己村庄的自豪感油然而生。笔者曾经与几位在柏村景观长廊休息的邻村村民聊天：

我问：嬢嬢你们是哪个村的？

答：河对面建丰村的。

问：你们从家里面走到这儿来，要走多久？

答：20分钟吧，中间没有桥，要从公路绕过来，不过也还好，当作散步。

问：你们经常来吗？这边比你们村好吗？

答：我们白天没事都喜欢散步过来长廊摆龙门阵，晚上吃完饭也过来散步、跳坝坝舞，我们已经习惯了，这边路好走，晚上有灯也安全。

相信这种简单朴实的赞美，柏村村民在日常生活中是能够经常听到的，这种不经意的赞美，以及由此引发的自豪感，已成为村民参与乡村人居建设的持续动力。

6.3.3 柏村人居环境整治的成效与局限

1. 柏村人居环境建设的成效

在村庄内部主体的共同努力之下，柏村的人居环境建设取得了显著成效：

（1）村庄道路建设。道路改建：2015—2018年，村民自愿筹资61.17万元，完成 9170m 入户道路的基础、边沟改造，申请财政专项资金完成路面硬化。柏木河绿道建设：村民自愿筹资 59.6 万元、企业赞助 20 万元、争取一事一议奖补资金 90 万元、镇政府奖补资金 40 万元，完成 5000m 柏木河绿道工程建设，被占用少量土地的农户均没有要求青苗、土地补偿费，部分群众还无偿捐赠自家苗木，进行绿道的景观美化。在村民“筹资投劳”建设模式下，柏村不需要支付雇工费用、不需要进行占地补偿，理财小组精打细算尽量节约原材料成本，使得该村村民能够以相对低成本，逐步改善村庄道路设施，见表 6.3。

柏村村民 2015—2018 年在村庄道路建设方面的自筹资金统计表　　表 6.3

年度	道路所在的位置	道路长度（m）	自筹金额（元）
2015	6 社黄家院子	490	13900
2016	1 社戚家院子	310	13000
2016	3 社方家院子	410	13000
2016	7 社彭家院子	210	10500
2016	9 社方家院子	70	3500
2016	8 社杨家大林	300	30800
2016	11 社甘家院子	410	16000
2016	12 社吴家院子	350	9000
2016	13 社王家院子	310	14000
2017	3 社李家湾	270	9000
2017	4 社入院 / 入户道路	2400	377000
2017	5 社、6 社的社道	780	15000
2017	7 社耕作道路 2 条	840	29000
2017	10 社罗家、余家院子	410	12000
2017	11 社蒋家、冯家、张家院子	1180	31000
2018	15 社郑家院子、10 社罗家院子	430	15000
合计		9170	611700

（资料来源：柏村村委会提供）

（2）“我为柏村点盏灯”的村庄光明工程。发动每户村民在自家院墙外安装一盏简易路灯，每盏灯 100 元的购置与安装成本以及日常的电费开支由农户承担，截至目前全村已经安装路灯 500 余盏，最多的一户自愿安装了 3 盏路灯。2019 年，柏村村民再次自筹资金 68900 余元，安装了一批更节能的路灯。需要特别说明的是，虽然众所周知一盏路灯可以改善乡村的夜间生活和劳作条件、保障夜行村民的安全，但我国相对贫困的中西部地区的村庄却很少安装路灯，例如，同样位于四川西北部的什邡市南泉镇的乡村，借助某网络公益平台的捐赠才安装了路灯。既有相关研究中，也有不少关于我国专项资金供给模式下农村路灯安装与使用计划失败的案例分析，即使政府出资安装好路灯，也会因为部分村民不愿意承担用电成本而造成路灯闲置（杨永忠 等，2008；陈义媛，2019）。所以柏村村民自主安装路灯这一成效看似微不足道，实际上解决了中西部大多数村庄长期无解的难题。

（3）环境卫生整治。村民筹资投劳完成了 7 个林盘院落的环境卫生整治。比如杨家大林 28 户村民义务投劳 257 人次，清掏沟渠 600 余米，清除杂草、垃圾 20 多吨。开展乡村清洁行动。每个村民小组内部选派一名卫生保洁员，其薪资由农户和企业筹资，筹资标准为每户每年 120 元，每个企业每年 1200 元，村委会利用财政专项资金为每个村民小组配备一台 4500 元的简易垃圾转运车。由于卫生保洁员与小组内大多数村民熟识，除了完成本职工作，还发挥了监督者和管理者的作用。从此，柏村村民往公共区域乱扔垃圾的情况显著减少，公共环境卫生得到显著改善，如图 6.4 所示。柏村人居环境整治资金来源见表 6.4 所列。

图 6.4 柏村村民自主设计施工的院落“微广场”景观

（资料来源：柏村村委会提供）

柏村人居环境整治资金来源统计表（单位：万元） 表 6.4

建设项目	资金来源				合计
村庄基本道路	自筹资金（路基和边沟）：61.2		财政专项资金（铺设路面）：227		288.2
柏木河绿道	自筹资金：59.6	企业筹资：20	一事一议奖补资金：90	镇政府奖补资金：40	209.6
路灯	简易路灯自筹：5	节能路灯自筹：6.9	—		11.9
环境卫生维护	自筹资金：60	企业筹资：6.5	财政专项资金购置垃圾转运车：7.2（16 台）		73.7
院落环境整治	7 个院落自筹资金：22.8		镇政府奖补资金：10		32.8
总计	自筹资金：242		财政资金：374.2		616.2

注：部分自筹资金有结余返还。

（资料来源：作者根据柏村村委会提供的数据整理绘制）

2. 村民筹资筹劳模式的局限

基于村民合作的人居环境整治的最大优势是以村民和村集体为主体，解决了村庄公共品前期建设与后期维护的问题，使得没有大规模项目资金与资本下乡的普通乡村，也具有了持续、渐进改善人居环境的能力，见表6.4。但同时这种模式也存在着一定的局限性。

（1）村民筹资筹劳的人居环境整治需要村庄具备一些特定条件。

柏村之所以能实现村民自筹自建，关键在于具备了人力和财力条件。其中人力是首要条件：一方面，村庄至少要有一位能人，这位能人要具有一定的经济实力，能够长期专注于村庄的组织和动员工作，其次要具备乡土情怀与乡村工作生活经验，更重要的是还必须具备极强的奉献精神；另一方面，村庄当中不在地村民比例低，村民的同质性高，并且具有长期在村庄生活的愿望和预期。在财力方面，一是村民人均收入应处于中等偏上的水平，否则自筹资金很难实现；二是如果村集体能有稳定的收入来源，自筹自建推进起来将更为容易。

（2）村民筹资筹劳的乡村人居环境整治见效慢。

相对于另外两种模式而言，要促成村民的合作必须付出更多的组织成本，比如村民的动员、协商、自筹资金等过程都需要花费大量时间与人力成本；而村民在出工的过程中还需要兼顾家庭劳作，无法保证长时间的持续劳动投入，所以项目施工的周期也相对较长。柏村自筹自建的人居环境整治从最初的沟通与动员至作者调研时已经历了7年时间，如果在资金充足的情况下，另外两种模式完成类似的工程建设只需要一两年的时间。

6.4 柏村内生动力的制度逻辑分析

6.4.1 机制创新带来的合约关系变化

成都市通过发放村级公共服务与管理资金和财政奖补资金两种财政下乡的制度创新途径，重新赋予了村庄“财权”，并以“财权”激发村庄民主议事的方式，为普通村庄公共品的自主供给提供新的激励。财政下乡制度创新，使得与村庄公共品供给有关的合约相对于项目制之下的合约发生了变化。

新的制度安排包含了两层合约关系。第一层是地方政府与村集体之间的合约，地方政府承诺每年为每个村庄提供不少于20万元的村级公共服务与管理资金，但必须在一事一议的民主议事框架下才能使用；如果村庄在一事一议的自治框架下通过村民筹资筹劳自主提供公共品，那么地方政府将对相关项目进行财政奖补。第二层合约关系是村庄内部村民之间的合约，如果村民试图借助财政资金自主改善村庄公共品供给状况，就必须在一事一议的民主议事框架下采取集体行动。

如此一来，乡村人居环境整治的合约，由项目制之下的基层政府与村民之间和合约，转变为村庄内部合约。基层政府无须直接介入村庄的具体建设事务，基层政府与村民之间，由项目制之下被动协作的关系变为项目奖补资金申报与审批的行政管理关系。村庄公共品供给的协商、设计、实施、利益调平全部有赖于村民之间的合作来解决。

6.4.2　村民之间合作的交易成本

合约关系的变化所引起的交易主体的变化，使得乡村人居环境整治的交易成本由基层政府与村民之间的交易成本，转变为村民之间、村民与村干部之间的交易成本。我们在柏村村民筹资投劳的人居环境整治活动中，观察到的交易成本主要来源于以下三方面：村民由于受到教育水平、文化、经济条件的约束而表现出来的有限理性，以及为了追求自身利益最大化而表现出的投机主义；村民之间以及村民与村干部之间信息不对称与互不信任的氛围会增加交易的难度；自筹自建的全过程首先依靠村民的自觉性与能动性，但在资金筹集与实施过程当中，有效的监督才能保证交易的效率。柏村村民之间、村民与村干部之间的交易成本主要包括缔约过程中的沟通与协商成本，以及与履约过程中的可信性成本、监督成本和村民搭便车成本。

1. 沟通与协商成本

在自筹自建的模式之下，由于没有复杂的议价过程，协商也不一定需要正规的形式与场合，协商往往伴随着沟通而发生，只要保证充分的沟通，村民与村干部就能够商议出解决问题的办法。乡村人居环境营造过程中涉及的所有资源的使用事宜，都必须与相关农户达成一致协议。农民合作的沟通协商成本主要包括两个方面：一是与“半工半耕”以及不在地农民的沟通协商成本，由于柏村就近就业的村民占比较多，这方面沟通成本相对较低。二是在地农民之间的沟通协商成本，柏村川西林盘的自然格局使得村民自古以来都是围绕林盘聚居，每个林盘形成一个小则几户、大则十几户人家的“院子”。这种“小聚集、大分散”的聚落特征增加了在地农民之间沟通和协商的难度。

2. 可信性成本

人与人之间的可信性成本主要是由信息不对称和事前承诺的可信度低造成的。我国农民合作的可信性成本普遍源于以下两个方面：

一是村民之间可信度降低。日渐原子化、异质化的现代乡村社会，村民之间传统的互通有无的信息渠道已被破坏，村民之间的信息不对称现象变得严重；再加上乡村精英不断外流，没有了村庄权威作为非正规的承诺担保人。二是村民与村干部之间面临信任危机。农村税费改革之后出现了悬浮于“三农”之上的“行政化”基层组织，村干部与村民之间缺乏日常沟通渠道，加剧了相互之间的不信任。柏村的这位“外来书记”事前与村民之间并不了解，上任之初就遇到了很多情理之中的质疑和排斥。如果人与人之间互不信任，或者村民对于自筹自建持怀疑的态度，将会导致集体行动难以推进。

3. 监督成本

伴随着可信性成本而来的还有集体行动当中的监督成本。原子化的村民之间需要进行相互监督，以防建设的过程中有村民偷懒或者偷工减料；村民与村干部之间需要进行相互监督，防范代理人为了一己私利做出侵犯集体利益的违规行为。另外，柏村的人居环境整治还面临着自筹资金的监管成本，必须从集体内部筛选能够获得公众信任的专员进行监管，或者聘请第三方机构进行监管，村集体不但需要支付雇用专员的成本，还需对专员或者第三方机构进行财务监督。

4. 搭便车成本

村民由于受到教育水平、文化、经济条件的限制而表现出来的有限理性，以及为了追求自身利益最大化而表现出的投机主义，使得自筹自建的村庄集体行动中无法避免地存在着一定数量的搭便车者。在村民自筹自建的过程中，搭便车者有两种类型，一种是“钉子户”，另一种是“冷眼旁观者”。前者是由于在建设过程中村民的私人利益与集体利益之间发生了难以调和的矛盾，村民以强硬的态度对抗集体行动。后者则是对于集体行动采取观望态度村民，“大集体中的成员不会主动采取增进集体利益的行动，而是采取‘搭便车’的方式，寻求自我利益的最大化”（Olson，1971）。“钉子户”与“冷眼旁观者”无疑会引发其他村民的不满情绪，影响村民参与集体行动的积极性，并导致行动效率的下降，造成额外的交易成本。

在所有交易成本中，沟通与协商成本是最普遍存在的交易成本，可信性成本与监督成本是最关键的两大成本，如果村民与村干部无法通过有效的制度设计降低这两大成本，村民的集体行动将发生大规模的搭便车现象，村民筹资筹劳的人居环境整治将会面临失败的结局。

6.4.3　柏村控制合作成本的四大机制

柏村以村干部为首的集体行动组织者们，基于对本村村民行为特征的观察和了解，在村庄人居建设自筹自建的长期磨合、博弈过程中，创造了一套能够保障集体行动持续进行的内部制度，这些制度能够有效控制村民之间、村民与村干部之间合作的事前成本、事后成本。

1. 外部正式制度和内部问题管理制度为合作寻找“聚点”

一方面，在财政下乡制度创新的激励和外来书记的动员之下，村民们逐渐形成了通过筹资筹劳的方式改善村庄公共品的共同目标；另一方面，柏村具有问题管理机制，村干部会根据村民的需求和意见，建立村庄人居环境问题台账，按照院落、村民小组、村“两委”、上级政府组织等权责边界落实责任，并按照村民关注的热度、受益广度、解决可行度三个标准，明确重点问题，以便下一步组织相应层级的论坛活动，拟定解决方案，提高沟通协商效率。这些村民关注热度高、受益广、解决可行度高的问题，就成了将村民凝聚起来、化解村民个体与村集体之间利益冲突的“聚点”。

2. 村民之间、村民与村干部之间具有日常化、多元化的信息交换机制

从 2013 年开始，“外来书记”发动党员干部挨家挨户地与村民进行面对面沟通，了解村民对村庄人居环境整治的真实想法和建议，与此同时，村民也开始逐步了解并信任这位“外来书记”。柏村还创造性地推行了“村长茶馆”制度，建立村民与村干部之间常态化的沟通渠道，在该村党群服务中心、4 社张家院子、8 社杨家院子分别设立了 3 个固定的“村长茶馆”，如图 6.5 所示，同时结合村民日常活动场地设置 13 个“流动茶馆”，“村长茶馆”成为村民与村干部沟通协商的“论坛”[①]。另外，柏村将规模较大的林盘院落当中的公共空间打造为院落“微广场”，作为村民之间进行日常沟通协商的空间载体。目前柏村的院落“微广场”既可以召开村民议事会、举办知识讲座、开展茶话会，又可以放露天电影、拉家常。各种正式与非正式的“论坛”成为柏村村民获取信息的重要场合，如图 6.6 所示。

---

① “论坛”是指参与集体行动的成员之间，以及成员与外部主体之间，沟通、协商解决冲突的正式与非正式场合。参见：奥斯特罗姆，2012. 公共事物的治理之道：集体行动制度的演进 [M]. 余逊达，陈旭东，译 . 上海：上海译文出版社：120.

图 6.5 2021 年村民和村集体自筹自建的“村长茶馆”
（资料来源：柏村村委会提供）

图 6.6 柏村村民在院落“微广场”召开动员会
（资料来源：柏村村委会提供）

为了降低村民“小聚集、大分散”的分布特征所带来的沟通和协商成本，提高集体行动的效率，柏村还推行了“议事会成员直接联系群众制度”。除了每个村民小组选出一个组长以外，还选举出由党员、致富带头人、德高望重的村民为主的 51 位议事会成员，平均每个村民小组 3~5 人，每人负责联系 10~20 户的村民，大致做到每个“院子”有一位具有威信的议事会成员。“议事会成员直接联系群众制度”成为村民与村干部之间信息传递的高效率正式渠道。

3. 由多层级代理人制度构建信任机制

在“议事会成员直接联系群众制度”的基础上柏村通过差异化的激励机制，形成了由村干部、小组长、村民议事会组成的三个层级的代理人体系。村民议事会成员往往是村庄当中的“天生合作者”，以他们作为行动表率，有助于降低村民之间合作的可信性成本。例如，柏村的入户道路改建最初是以党员人数多、户数相对较少的黄家院子为试点，试点的成功给其他观望中的村民带来积极的心理预期，“自愿筹资、主动投劳”的入户道路改建才得以由点及面逐步推开。这种集体行动初期的小范围合作试验充分利用了小团体中“天生合作者”的示范作用，将利他主义的观念、行为和行为结果传达给其他观望中的对等者，从而降低搭便车行为发生的概率。另外，村民对于这位“外来书记”的信任，也在挨家挨户与村民面对面的沟通以及“村长茶馆”的多次交流和协商之中，逐渐建立起来。

4. 多层次、易于实行的监督机制

在自筹自建的乡村人居建设活动中，对多元主体进行监督、确保缔约方都能按

规定履行合约是保障合作持续进行的关键。柏村村民合作的成功，最主要的原因在于创造了多层次的、易于实施的低成本监督机制。

（1）“议事会成员直接联系群众制度”将大村庄划分为小团体，使得小团体当中的日常监督成为可能。比如村内五职干部是一个高效率的小组织，5 个干部分别负责与 3~4 个村民小组长沟通协商，每个小组长又负责与组内的 3~5 个议事会成员对接，每个议事会成员大体负责所在“院子”范围内村民之间的沟通、协商和反馈，如图 6.7 所示。小型组织当中的成员可以比较容易地观察到其他成员是否在为集体行动做贡献，更容易发现其他成员的违规操作行为，从而形成有效的日常监督。“村—小组—院落”三个层次的嵌套式组织架构，使得柏村这样的较大规模村庄也可以通过自身的力量解决人居环境问题。

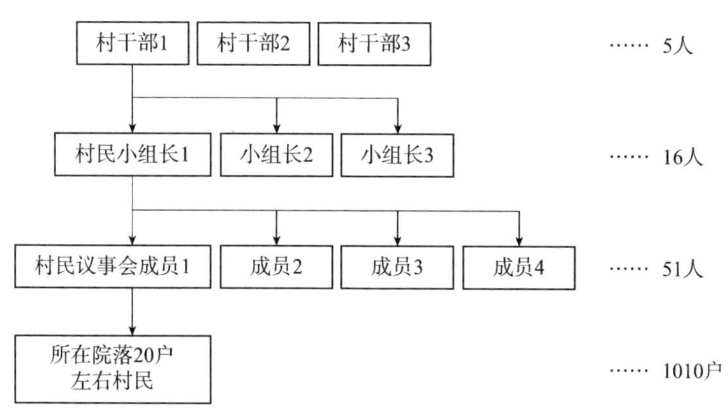

图 6.7　柏村分层嵌套式组织架构图

（2）建立基于内部信任的理财小组制度，实现财务的项目内部自主监管，村干部不参与财务监管，从而避免村干部出现道德风险问题。柏村的集体行动中凡是涉及村民自筹资金的建设项目，都由每 10~15 个村民推选出一个理财小组成员，每个理财小组至少包括 3 个组员，负责该项目的资金核算、出纳、财务公示，以及整个项目的实施、监督、管理。这个巧妙的内部自主监督制度设计可以带来三个方面的效益。①作为“自己人”的理财小组成员意识到自筹自建的人居环境整治是在花自己的钱为自己谋福利，具有以最小化的成本来实现最大化收益的动机，能够为成员节约集体行动的开支。以黄家院子入户道路的改建为例，宽 3m、长 490m 的入户道路除去路面硬化成本由村集体申请的财政专项资金承担以外，道路基础、边沟的建设预算是13900元[①]，但实际完工后的工程支出只有11735元，理财小组的精打细算为村民节约了2165元的工程费用。②理财小组为成员节约开支的行为，给予村民积极的暗示：自主进行人居环境整治的成本是可控的，集体行动是可信可靠的。③基于内部信任理财小组制度能够降低监督成本，只要理财小组成员在姓氏、身份、立场等方面具备一定的异质性，内部就能够形成有效的相互监督，实现财务透明并接受其他村民的监督。

（3）重建乡土熟人社会网络，增强乡土社会内部规范对村民行为的约束力。柏村通过发挥村民议事会成员的行动表率作用重新树立村庄权威，重建集体行动的小团体当中的差序格局；并通过定期举行游园会、运动会、村庄道路命名评比、最美村民评比等村庄集体活动，为村民创造多样化的相互了解机会，在原子化的现代乡土社会中逐步重建熟人社会网络。柏村通过以上两方面的努力，重启传统乡土社会治理逻辑，让乡土社会内部规范在分层治理体系所划分的小型组织当中发挥约束与激励作用。一方面，熟人社会是讲究面子和声誉的社会，面子和声誉会带来潜在的社会资本收益，一旦小集团当中搭便车的违规行为被熟人发现，将会给违规者带来精神负担和外部性社会成本；另一方面，在传统的乡村治理逻辑当中，即使有成员违规，也不一定会影响其他成员对集体继续作贡献。因为多次重复博弈机制的存在，使得乡土社会内部规范自然有办法、有机会惩戒那些不付出就分享集体劳动成果的成员。借助乡土社会内部规范，柏村可以用较低的成本解决监督和制裁问题，增强成员之间承诺的可信度，降低搭便车现象的发生概率。另外，在乡土社会内部规范的约束之下，“冷眼旁观者”的声誉将受到负面影响、精神负担日渐增加，冷眼旁观村民的数量随着村庄集体行动的不断推进而逐渐减少。

总结起来，柏村村民与村干部之间合作成功的原因有两个：①外部正式制度变革，使得人居环境整治的缔约主体发生变化，基层政府退出村庄具体建设事务，交易成本也发生了内部化的转向。②柏村创造了一套能够保障集体行动持续进行的内部制度，这些制度能够有效控制村民之间、村民与村干部之间合作的事前成本、事后成本。柏村通过聚点机制和多元化的交流机制，建立了村民之间、村民与村干部之间的信任关系，使得合作具备了基本的形成条件；更重要的是，柏村的内部建立了一套多层次的、易于日常施行的监督机制，从而控制合作的事后成本。

① 柏村院落道路筹资标准：院落内的农户按照家庭人口数出资，基本标准为每人200元，家中有三轮车的需额外增加150元，有小轿车的需额外增加300元，家庭经济困难的出资100元。

6.5　案例的比较与小结

6.5.1　人居环境整治中激发内生动力的绩效

1. 建设绩效

同为政府治理之下的村庄人居环境整治，喜村和柏村都取得了显著的成效，但一个是人居环境整治样本村，另一个是普通村，两者获得的财政投入的总额差距较大，因此，对公共产品的总量进行比较难以说明两者建设绩效的差异，但是我们可以比较两者的建设成本。比如，同样完成一个 20 户左右人口规模院落的实用性环境整治，柏村只需要花费 5 万 ~10 万元的实施成本，而政府主导的乡村人居建设路径之下的喜村需要花费 30 万 ~40 万元的实施成本；再如，柏村修建完成长 5km、宽 6m 的沥青混凝土铺面的柏木河绿道仅花费了 209 万元，喜村修建长 20km、宽 6m 的柏油路铺面的通组路，花费了约 3000 万元，前者每公里造价约 40 万元，后者每公里造价约 150 万元。差别如此之大的主要原因在于，自筹自建路径之下，村民对自筹资金使用的精打细算以及无偿投工投劳的制度安排显著降低了实施成本。这就意味着，在同样的财政资金投入之下，基于村民合作的自主供给能够提供更多数量的村庄公共品。

另外，喜村项目制之下的政府治理当中，地方政府单方面承担了全部资金压力，乡村人居环境整治的可持续性较差；然而，柏村借助财政下乡制度变革的契机，扩展了乡村人居环境整治的资金来源，再将村民自筹资金和企业自筹资金作为补充，使得柏村能够缓慢而持续地推进人居环境整治。因此，激发内生动力的人居环境整治，其建设的可持续性更高。

2. 治理绩效

在喜村单纯的项目制之下的人居环境整治活动中，除了村民的日常生活习惯在层层行政监管之下逐步发生改变以外，村庄的“人、地、财、权”状况并未发生显著的变化。

而在激发了内生动力的柏村，我们能够观察到一些较为显著的变化。

（1）村庄的人发生了变化。原本分散的村民被分层嵌套式组织架构重新整合了起来，人们因为参加了多层次的村庄公共品供给活动，具备了通过集体行动改善村庄人居环境的共同目标，并且，得益于村庄基础设施及环境的改善，该村已出现青年农民返乡创业的情况，成为村庄的“中坚农民”[①]。以下是返乡青年的访谈笔录：

我觉得村里面的年轻人外出务工，一个月赚三四千元也是没有出路的，还不如回来。我家里的老人不在了，房子再空置下去就荒废掉了，太可惜。我可能是村里第一个返乡青年。我今年卖了自家在郫县的房子，买的时候每平方米4000元，卖的时候每平方米1.2万元，在家重新翻修了房子（目前只有一层），拆了一栋杂物房，扩大并重新整理了院子。我特别喜欢养狗，但是住在城市的小区里不能养，今年6月回村之后我就养了5条狗，也算实现了一个小愿望。准备未来待时机成熟了加高房屋开民宿或者拍短视频搞直播，这个经济来源还没有想好，但村集体也帮我跟周围邻居协商好了，如果我家搞产业需要利用路对面邻居家的荒地（比如用作生态停车场或者临时集散场地），邻居也是没有意见的。我现在就是希望我家旁边的入户道路修快一点，我回来之前这条路没法修，周围就一户，是社长家，其他户都是留守老人，人不齐没法修。我回来之后，进度加快了一些，现在已经把路基都清理出来了。

（2）村庄的土地具有了从分散到整合的观念基础，在村庄公共品供给的多次重复博弈过程中，村民愿意将分散的土地集中起来进行空间资源开发。

（3）村集体具有了少量可自主决定用途的财产，财产来源于村级公共服务与管理资金、财政奖补资金、村民自筹资金和企业自筹资金，使得村集体能够办成一些以往办不成的事情。另外，“财”与“权”是密切相关的，村庄在重获“财权”的同时，也逐步重新获得了对其他集体资源的控制力。

因此，在村庄“人、地、财、权”四方面得到逐步改善的情况下，村民开始主动关心村庄的公共事务，村庄治理的状况明显好转，其中一个表现是柏村已经形成了长效的人居环境自主建设机制：村庄近年来这些显而易见的改变，让村民充分体会到每家每户只需要分担很少的经济成本，付出一些时间成本和体力劳动，就可以凭借自己的力量改善生活环境，比起原来“等、靠、要”的策略节约了可观的时间成本。如今，柏村的村民已经可以在分层嵌套式组织架构的基础上，以院落、小组为单位，主动制定和实施为本单位提供公共品的行动计划，扭转了原来“干部干、群众看”的状况。

① “中坚农民”是指一种新生中农群体，他们的主要收入来源和社会关系都在村庄，其在村庄获得的家庭收入并不低于外出务工家庭，“中坚农民”群体能够在乡村建设和治理中发挥中坚力量的作用。参见：贺雪峰.论中坚农民[J].南京农业大学学报（社会科学版），2015，15（4）：1–6+131.

6.5.2　柏村激发内生动力的四大机制特征及影响因素总结

1. 柏村激发乡村人居建设内生动力的四大机制特征总结

从柏村在乡村人居建设中激发内生动力的经验来看，与喜村缺乏促成合作的聚点机制、信任机制、监督惩罚机制不同，柏村完全具备控制合作成本的四大机制。

柏村的四大机制在控制合作的成本方面发挥了作用。聚点机制使得原本互不关心的村民，为了共同的利益目标，愿意主动参与日常沟通与交流活动；多元化的信息交换机制，使得村民可以以便捷的方式获得想要的信息；聚点机制和信息交换机制的共同作用，减少了村民在沟通和协商过程中需要耗费的时间，即沟通和协商成本，同时还增进了村民之间的相互了解，尽量避免由于信息不对称所导致的可信性成本。柏村监督惩罚机制不但增强了人与人之间的相互信任，还能够尽量减少在村庄公共品供给活动中的“钉子户”和“冷眼旁观者”，从而控制合作过程中人们的搭便车行为导致的交易成本。

然而，机制的运行本身都是需要花费成本的，柏村的四大机制之所以能够顺畅运行并促成合作，是因为具备以下特征：①柏村的聚点机制成功的关键在于，以“关注的热度、收益的广度、解决的可行度”为标准，找到了村民们普遍关注的乡村人居建设问题，并在问题解决的过程中逐渐形成共同的利益目标。②柏村信息交换机制成功运行的关键在于其具有日常化、多元化、非官方的特征，日常化、多元化的特征意味着村民们能够选择最适宜的方式、以最低的成本获取所需的信息，而非官方的特征使得村民在信息交换的过程中容易相互信任。③柏村的信任机制主要基于内部主体之间的相互信任，其成功的关键在于扩大了由村庄权威组成的村民议事会成员作为“天生合作者”对其他观望中的对等者的影响力。④柏村的监督惩罚机制具有多层次、低成本且易于实施的特征，这些特征是通过划分小团体、实行项目财务的内部监管、利用传统社会规范的约束力等措施来实现的。

2. 柏村激发乡村人居建设内生动力的影响因素总结

本章的最后将根据柏村的实践经验，以图表的形式总结在政府治理之下的人居环境整治活动中，激发内生动力的四大机制的形成，分别需要调动哪些制度因素和非制度因素。对于激发内生动力的机制与影响因素的总结，有助于本书将复杂的现实运行机制抽象化，以及将实例“一般化”。

（1）在柏村激发内生动力的过程中，发挥作用的因素主要包括乡土社会差序格局、村庄社会资本等非正式制度因素，村级公共服务与管理资金、一事一议和财政奖补等正式制度因素，以及乡村精英和村庄公共空间等非制度因素，如图 6.8 所示。

（2）这些影响因素在四大机制形成的过程中发挥的作用具有如下特征：①正式制度变革为柏村的村民合作提供了“聚点”；②“外来书记”作为乡村精英，在整个机制形成的过程中发挥了关键作用；③非正式制度在激发内生动力的过程中发挥了广泛的作用，特别是在构建信任机制和监督机制方面，非正式制度是控制村民之间合作的履约成本的最重要因素，如图 6.9 所示。

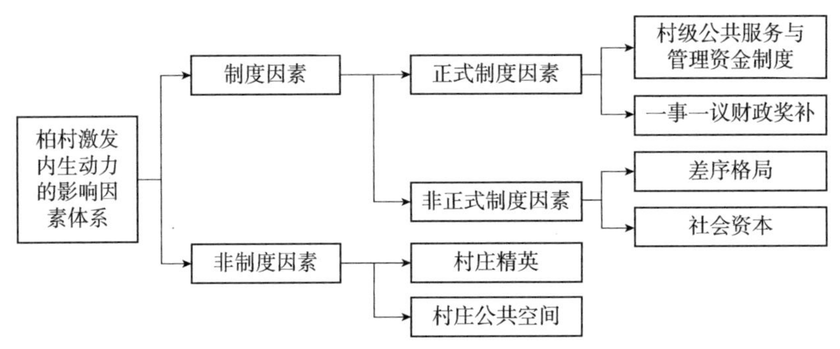

图 6.8　柏村激发内生动力的影响因素体系

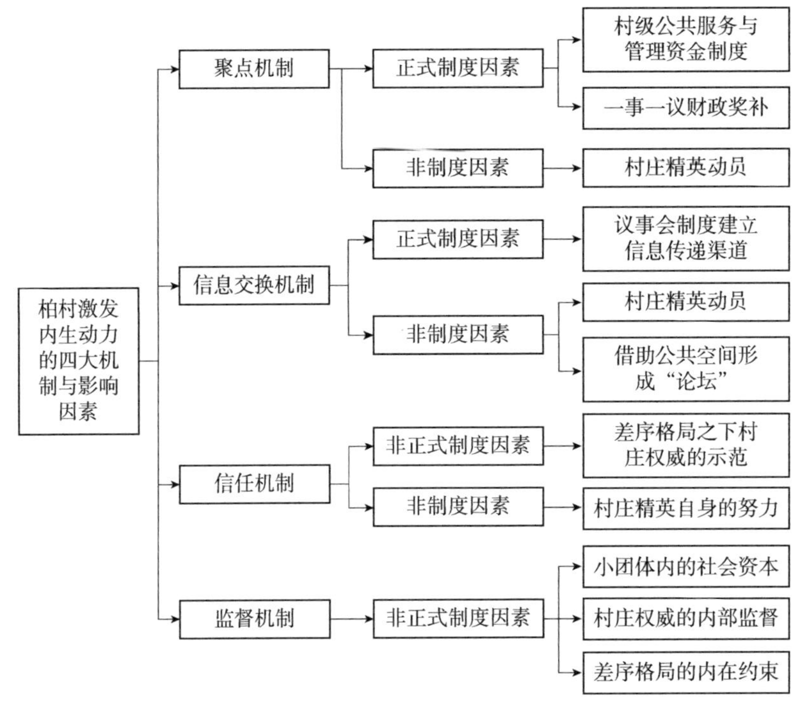

图 6.9　柏村激发内生动力的四大机制及相应的影响因素

第 7 章

市场治理之下的内生动力研究：莲村、石村的空间资源开发

本章将围绕市场治理路径展开个案研究，研究对象是同为重庆市 L 区“三变”改革首批重点村的莲村和石村。在这部分的研究中我们将看到，在同样的村庄外部制度变革环境下，不同的村庄内部利益联结机制设计，会导致乡村人居建设主导力量的差异、多元主体行为特征的差异。①本章将探讨在以政府和市场主体为主导的“三变”改革利益联结机制之下，莲村空间资源开发活动的参与主体行为特征，以及村民之间、村民与市场主体之间不合作的制度逻辑；②探讨在村民自建优先的利益联结机制之下，石村空间资源开发活动的参与主体行为特征，以及促成村民合作、村民与市场主体合作并激发内生动力的制度逻辑；③通过案例对比研究，分析在村庄空间资源开发活动中激发内生动力的绩效，总结市场治理路径下激发内生动力的四大机制及相关影响因素。

7.1 莲村“三变”改革的主体行为与建设情况

莲村位于重庆市 L 区 LA 街道，距离重庆市中心城区约 50km，该村邻近多条已建和在建高速公路，与中心城区交通联系便捷。并且该村邻近高铁站与未来重庆市第二国际机场，地缘优势与客源市场优势显著。2019 年 6 月，该村被列为 L 区首批“三变”改革重点村，开启以乡村民宿为主要项目的乡村人居建设实践探索。

7.1.1 政府与资本主导的“三变”改革利益联结机制

为了盘活村民的闲置房屋并引入市场主体进行民宿项目打造，实现合股联营，莲村在区政府相关部门的推动以及科研机构的帮助之下，采取“1+1+*N*”的方式进行运作经营，即一个由市场主体与村集体经济组织联合组建的合营公司、一个由相关村民组成的旅游股份合作社、若干联营项目。构建市场主体、村集体经济组织、村民的利益联结机制。

1. 市场主体与村集体经济的利益联结机制

市场主体与村集体经济组织分别以出资金、出资源的形式进行合作，成立林溪时光（重庆）民宿经营管理有限公司作为合营公司，共同推动该村的“三变”改革以及相关的村庄建设项目。该合营公司注册资金 500 万元，市场主体出资 350 万元，村集体经济组织名义上缴纳的 150 万元资金实际仍然由市场主体承担。市场主体以在村域内形成的资产及后续投入等作为对合营公司的投资，占股 70%；村集体以合作项目区内所涉既有集体资源、资产、后续政府投入的项目资金以及整合投入的资产、资源作为对合营公司的投资，占股 30%。

市场主体享有合营公司 70% 的表决权，全面负责经双方确认业态的经营管理，在经营管理中确保及时、足额提供资金、资源以保证协议所涉目的的实现。村集体经济组织享有合营公司 30% 的表决权，在合营公司中的主要职责是积极协调相关农户配合改革，对接财政项目资金。

在合营公司的组织架构方面，合营公司法定代表人由市场主体指定人员担任，合营公司设立董事会，董事会下设总经理。其中，董事会由 3 人组成，市场主体指定 2 人任董事；村集体经济组织指定所在村党组织书记为董事并兼任董事长。总经理由市场主体推荐并经董事会任命，负责合营公司日常经营管理。

在利益分配方面，合营公司支付给村集体经济组织的保底分红只有支付给旅游股份合作社保底分红的 10%，支付给村集体经济组织的利润分红只占所有经营利润的 10%，并由村集体经济组织补贴已确认提供房屋进入项目但其房屋还未参加民宿业态改造的村民。

在村集体对市场主体的监管方面，规定了市场主体必须接纳村集体经济组织派遣的出纳进行日常财务监督。除此之外，还设置了一些警示性的监督机制，如规定了每一个会计年度后 60 天内接受双方共同确认的会计师事务所审计；在村“两委”换届时，由 L 区 LA 街道办事处组织对合营公司开展专项审计，审计结果报 LA 街道并向村务监督委员会通报，接受群众监督。

在违约责任方面，市场主体要求村集体对相关村民进行严格的管理，双方签订的协议当中，对于村民违约的处罚规定非常详细且明确，并规定了其他村民拟开展类似经营项目的必须经过合营公司与旅游股份合作社审核同意。但对市场主体违约的规定相对较少，只规定了市场主体未按时支付保底与利润分红的处罚以及 8 年内村集体仍未获得利润分红的，可自行与其他合作方合作。

总体而言，市场主体与村集体经济的利益联结机制呈现出在投资、运营管理、利润分配等方面以市场主体为主导的显著特征，相关监督与违约处理的机制设计对市场主体的规制作用不足。

2. 旅游股份合作社成员之间的利益联结机制

在市场主体拟定民宿项目建设的核心区范围后，村集体与村民协商确认参与联合经营的成员，在完成资产清核、房屋评估、折价入股等前期工作之后，成立了重庆市 L 区莲村乡村旅游股份合作社（以下简称“旅游股份合作社”）。旅游股份合作社目前由 56 户村民组成。村民以自有房屋闲置部分的 20 年经营权与使用权入股合作社，股份的确定以投入的房屋面积作为标的物。除了房屋以外，合作社的成员还无偿提供院坝、院林、周边构（建）筑物（自住的房屋除外）、道路、林地、水井等，以及现场交付时确认不再使用的物件、农具等作为附属物件，用于项目经营。

该利益联结机制的主要作用，一是以统一的标准明确各个农户股份份额，确定入股村民的权利与义务；二是将分散的农户组织起来，避免了合营公司与分散农户进行交易的高额交易成本，并且由成员推选出理事会、监事会成员作为代理人，与合营公司进行谈判协商，争取旅游股份合作社在合股联营的项目当中获得尽可能多的收益份额。图 7.1 是旅游股份合作社社员正在投票选举监事会成员。

图 7.1　莲村乡村旅游股份合作社社员投票选举监事会成员

合作社的成员之间并未形成紧密的利益联结关系，成员之间无须为项目的经营进行任何形式的合作，并且房屋改造有先后顺序，那些已入股但房屋并未被合营公司改造的成员是无法获得保底分红和利润分红的，所以成员之间甚至还存在着一定的竞争关系。

3. 合营公司与旅游股份合作社的利益联结机制

合营公司与旅游股份合作社之间的关系：旅游股份合作社提供其管理范围内的农户住房的 20 年经营权和使用权供合营公司进行改造并经营，合营公司组建管理团队、制定统一规章制度并统一经营管理民宿。双方签订了联营合作协议。

在收益分配方面，双方约定合营公司对旅游股份合作社管理范围内的房屋已改造的农户按照“保底收益 + 利润分红”进行支付。保底收益每年年底与年中分两次支付，计算方式是：砖混结构 4 元 /（m^2·月），土木结构按 2 元 /（m^2·月），面积以农户实际投入的房产面积为准。利润分红于每年 3 月 31 日之前支付，支付给旅游合作社的利润分红总额为当年利润的 20%，另外，市场主体与村集体经济组织分别获得剩余利润的 70% 和 10%，如图 7.2 所示。

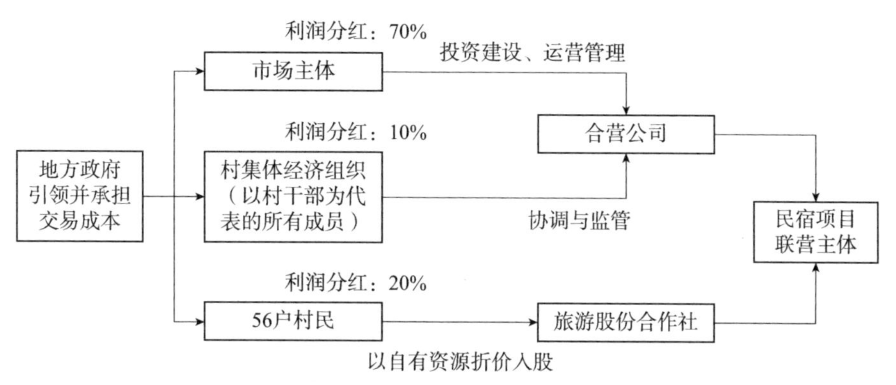

图 7.2 莲村民宿项目合股联营主体组成结构图

在违约责任方面，主要规定了旅游股份合作社的违约处罚。例如，旅游股份合作社必须督促相关农户不得妨碍合营公司的改造活动，否则需承担 5 万元的违约金；因旅游股份合作社的原因在合营公司对相关房屋进行改造之后退出联合经营的，合作社按照退出联合经营的房间数向合营公司承担违约责任，具体计算方式为：合作社按照纠纷所涉具体房屋及周边环境改造价的 2 倍向合营公司赔偿实际损失及预期收益；合作社按照 20 万元 / 间的标准向合营公司赔偿改造实际损失及预期收益。相对而言，对合营公司违约责任的规定极少。

在监督机制方面，除了村集体经济组织派遣的出纳以外，旅游股份合作社并没有任何一位成员可以参与或者监督合营公司对项目的经营和管理活动，所以合作社的社员无法了解合营公司的真实经营状况。

在这种利益联结机制之下，合营公司的经营管理活动具有较大的自由安排的空间，而农户则被视为潜在的违规者和搭便车者，被设定了诸多的限制性规则。在地方政府看来，莲村的项目运营模式之下，运营风险主要由市场主体承担，所以对市场主体的限制较少，同时希望市场主体主动解决好与村民之间的利益矛盾，认为只有市场主体主动与村民之间建立起互信机制，才能降低市场主体自身的经营压力与风险。

7.1.2 村民、市场主体与地方政府的行为

1. 村民的行为特征

莲村的“三变”改革制度安排，将村民异化为三种不同类型：入股且房屋已改造的村民、入股但房屋未改造的村民、未入股的村民。他们为了实现各自的利益目标而采取不同的行动策略。

（1）入股且房屋已改造的村民。其行动目标是尽可能多地获得保底收益与分红，随着时间的推移，他们首先要求合营公司增加保底收益的计算单价，已完成改造并开始运营的邓家院子村民要求合营公司尽快支付利润分红，尚未完成改造的娄家院子村民希望市场主体继续对房屋的改造进行投入，尽快开始项目运营。

（2）入股但房屋未改造的村民。由于无法获得任何收益，只能拿到村集体支付的少量补贴，他们希望市场主体能加快投资与建设进度，早日将自家房屋纳入改造范围。如果这些入股村民的愿望长时间无法实现，他们必然会采取一些违约行为之外的行动，不断地给合营公司制造大大小小的麻烦，以期引起重视。比如，目前已入股但房屋未改造的村民开始要求合营公司赔偿房屋因长期未进行改造和维护而折旧的损失。村民知道，即使转让了房屋的使用权和经营权，他们仍然是房屋的产权人，必须尽力争取应得的利益。

（3）未入股的村民。他们采取观望的策略，一旦民宿项目运营成效显著，为村庄带来了更多的客源，这些村民就会希望能够经营餐饮、零售等业态增加收入。但就目前的制度安排来看，未入股的村民是无法自由经营相关业态的，必须事先向村集体与合营公司提出申请，经审查同意后方可经营。这有可能会引起村民的不满，并且私自经营的现象也是难以遏制的。

同一个村庄当中村民的分化还会引致相互之间潜在的竞争。参股村民之间会由于各自房屋改造先后顺序而产生心态上的不平衡；未入股的村民也会由于无法平等地开展相关业态的经营而产生不平衡心理。一旦村民分化为异质性的不同集团，就很难以其他共同利益作为“聚点”，将他们组织起来。

在当前的制度安排下，三种类型的村民都不具备参与村庄公共品供给、为村庄公益事务作贡献的动机。未入股的村民认为，自己并未从改革当中获得直接利益，那些入了股的特别是获得了收益的村民更应该为村庄公共事务出钱出力；入股但房屋并未改造的村民不认同这种观点，因为他们本身尚未获得保底收益与分红收益，只是名义上的股东而已，不应该承担义务；而入股且房屋已经改造的村民，虽然拿到了保底收益，但现有制度安排并没有任何明确规定，他们在获取收益的同时需要

为村庄公共事务尽义务，因为他们认为收益是由自己投入的房屋产生的，与集体无关。村民与制度设计者们忽视了一个关键事实：除了村民的房屋以外，民宿运营所需要利用的宅基地、土地、道路都属于集体所有的资产，其他村民也具有分享收益的权利。所以村集体完全有理由要求民宿项目的主要获益者，市场主体、入股且领取了保底收益的村民，为村庄公共事务作一些贡献。

2. 村干部的行为特征

在该村工作推进的过程中观察到，莲村的村干部在推进“三变”改革的动员、组织、协调等一系列工作中表现出能动性不足、工作效率低的状况。改革与建设过程中的大部分关键环节需由地方政府的有关主管领导亲自督办、给予协助。调研发现，村干部被动推进改革的原因主要有以下两方面。

（1）村干部自身的能力有限。村干部自身的文化水平与阅历决定了其管理水平，并且该村村干部的平均年龄偏低、任职时间短，与村民的日常沟通较少，对村民的组织管理能力稍显不足。在实地调研中作者观察到，每次召开股东大会，对于村干部而言都是一次严峻的考验。

（2）除了村干部自身的原因之外，更关键的因素是制度安排并没有给予村干部足够的激励。该村的干部大多因为薪资水平太低而处于“两栖”的状态：在完成村庄日常工作的同时，还需要通过其他途径增加收入。所以如果制度安排既不能改变其薪资待遇，也不能提升其社会地位，就很难让村干部全心全意地投入村庄改革与建设的工作中。从相关协议中不难发现：村集体经济组织从改革当中分享收益的比例是极低的，保底收益只有旅游股份合作社保底收益的 10%，从 2019 年 9 月到 2020 年 6 月，村集体经济组织获得的保底收益总计 8041.8 元；利润分红仅占总利润的 10%，而据估计近 5 年都不会有利润分红。另根据《LA 街道农村集体产权制度改革工作实施方案》的要求，该村集体经济组织的收益必须按照三部分进行分配：必要经费、公益金、可分配盈余。必要经费又分为公共开支经费、发展基金、工作经费，真正能够用于改善村干部待遇的经费少之又少。既有制度安排之下，对村干部唯一有效的激励是，推进“三变”改革重点村的建设可以让该村申请到更多的财政项目资金。

3. 市场主体的行为特征

市场主体为了实现利润最大化，其行为特征表现为在谨慎地进行资金投入的同时避免不必要的开支，如村庄公共品供给相关的开支；严格控制该村民宿品牌的收益权归合营公司所有；将村民视为潜在的违规者，尽量避免旅游股份合作社参与项目运营管理。

（1）无论地方政府与其他主体如何妥协和让步，市场主体在项目建设初期的投入是谨慎的，采取边投入边评估的策略。市场主体初期投入了将近300万元对该村邓家院子和娄家院子进行改造，总共涉及17户村民，约占入股村民总数的1/3，邓家院子2020年年初开始试运营之后，市场主体就停止了对娄家院子的建设与继续投入。这样做的原因是，市场主体难以估计该项目的经营状况，而且改造完成的民宿作为村集体资产，市场主体无法将其作为抵押物向国有银行进行贷款，继续投入的资金压力较大。市场主体希望根据邓家院子试运营的情况来评估继续对其他院子进行投入和改造的成本、风险与收益。

（2）市场主体为了尽量降低成本，不参与与项目建设运营无关的事务。例如，村庄的公共品供给，即使是民宿运营急需的污水处理和道路、停车场等配套设施，市场主体也会采取"等、靠、要"的策略，宁愿项目正式运营的进度放缓也不主动进行投入。

（3）市场主体严格控制该村民宿品牌的收益权。比如，市场主体与村集体经济组织签订的协议当中明确提出：未经双方许可，村集体不能支持在村域内新设的与合营公司经营范围相同或相近且有损双方利益的业态；村集体需力促村域内生产的农副产品由合营公司的合作方统一销售；并且，除了入股的村民不得自行改造房屋进行经营以外，该村域内的其他农户拟自行经营的必须获得合营公司、旅游股份合作社的审核同意。

（4）市场主体始终尽量避免与村民的直接交易。比如，合营公司要求村民提供其房屋长达20年的使用权与经营权，长期的合约可以避免市场主体在经营周期内与村民进行多次协商；明确要求相关村民不得妨碍改造，不得干扰、影响合营公司正常经营；并且协议中并未规定村民具有何种渠道可以表达对于房屋改造和项目经营的意见；地方政府要求合营公司每月举行一次例会，向旅游股份合作社的理事会、监事会成员通报当月的项目经营情况，但根据调查情况来看，2020年年初邓家院子试运营以来尚未召开过一次例会，村集体经济组织、旅游股份合作社与地方政府都没有与邓家院子经营状况相关的准确数据。除此之外，目前没有任何制度设计能让旅游股份合作社的成员对合营公司进行日常监管。村民被完全排除在由自家房屋改造而成的民宿项目的运营管理活动之外。

4. 地方政府的行为特征

虽然地方政府不在"三变"改革的利益联结机制之内，但是由于莲村是L区首批 2 个改革重点村之一，受到政治目标的驱动，地方政府对该村的改革与建设进行了大量的投入，成为首要的推动力量。

（1）地方政府整合区级专项资金总计 600 万元投入该村的建设中，对于项目的启动以及改善项目核心区的设施配套起到至关重要的作用。

（2）该区发展改革委、农业农村委等主要职责部门积极跟进“三变”改革利益联结机制构建的全过程，特别是在前期村民动员、成立旅游股份合作社、组建合营公司、促成公司与合作社联营等方面发挥了监管的作用。

（3）为了确保制度变迁的实现并保障项目的顺利持续推进，地方政府非常重视市场主体的作用，并认为市场主体在项目建设的过程中承担了主要风险。因此，地方政府在缔约的过程中，尽量为市场主体规避风险，降低其运营成本以及交易成本，提高市场主体的预期收益。比如，地方政府在“三变”改革及项目建设初期投入的财政项目资金远远超出了市场主体投入的资金，但是为了减轻市场主体的经营压力，财政项目资金并未按照“资金变股金”的要求转化为村集体与村民的持有股；在利润分红方面支持市场主体占有绝大多数的份额；要求旅游股份合作社确保其成员提供 20 年的房屋使用权与经营权，降低市场主体的投资风险；在相关协议中详细规定了入股村民的违约处罚，但对于市场主体违约情况的处罚规定极少；在运营监管方面，仅通过村集体派遣一名出纳进行日常监督。

总之，地方政府为了顺利启动重点村的建设，不仅投入大量财政资金以及人力物力，承担了大量的交易成本，更为了让市场主体的投资与运营无后顾之忧，在构建利益联结机制时，要求其他主体作出了让步和妥协。

7.1.3　莲村的空间资源开发成效与困境

莲村“三变”改革的合约安排，提高了村庄集体产权的效用，带来了乡村人居建设与村庄公共品供给的成效，但同时，也由于村民之间的有限合作、村民与市场主体之间的不合作，引发了一系列与村庄公共品建设和维护有关的困境。

1. 乡村人居建设的成效

1）政府投入力度大，改革与建设见效快

地方政府在推进“三变”改革时亲力亲为，聘请科研团队为重点村量身定制改革方案，积极跟进改革的所有关键环节。特别是前期集体资产清核、成员确定、股权量化、村民动员阶段投入了大量的人力与精力，主动承担了与村民直接交易的巨额交易成本，分散的村民才得以在较短的时间内以旅游股份合作社的形式组织起来，并为市场主体规避了大量交易费用。最终，莲村只用了3个月的时间，就建立起了由市场主体、村集体经济组织、56户村民组成的利益联结机制，迅速构建起多元主体共建共治共享的改革框架。

另外，地方政府积极整合财政项目资金投入重点村的建设。从2019年9月至2020年9月，总计投入了财政项目资金约600万元。仅用1年时间，显著改善了莲村的主要道路状况，完善了村庄污水处理设施与电力设备，为该村安装了路灯，并对村内的溪流等主要水体进行了治理与岸线整治。

2）市场主体介入，实现闲置资源变资产

市场主体的介入，不仅为改革与项目建设注入了资金，还为村庄带来了先进的项目运营、管理技术，有效弥补了村集体经济组织，特别是村干部在市场运营、项目管理等方面经验的不足。从2019年9月至2020年2月，市场主体总共投入约300万元完成了对该村邓家院子和娄家院子的环境整治和室内外空间改造，如图7.3所示。其中，邓家院子已于2020年5月投入试运营，娄家院子完成了主体工程建设。也就是说，在市场主体的介入与地方政府的积极推动之下，村民闲置的房屋变为可增值的资产、该村的旅游业从无到有，仅用了9个月的时间，其间还受到疫情的影响，邓家院子的试运营时间从3月推迟到了5月。这样的开发与建设效率，单靠村民与村集体经济组织自身的能力是无法实现的。

3）村民与村集体在乡村人居建设中增收

在"三变"改革的制度安排之中，保底收益的制度设计，确保了作为资源产权主体的村民与村集体，即使在项目建设阶段与试运营阶段等没有经营利润的情况之下，也能够获得基本的收益。房屋已改造的17户村民，已在2019年12月与2020年6月，获得9个月总计85276.80元的保底收益，见表7.1；村集体经济组织获得保底收益8527.68元。图7.4摄于2019年12月底，内容为莲村邓家院子的村民获得第一笔保底收益的情景。

另外，据合营公司相关人员透露，自2020年5月份邓家院子试运营以来，周末与节假日11个床位几乎全部订满，平时亦有较为稳定的餐饮业经营收入，邓家院子试运营期间的月营业额约有5万元。如果保持这样的经营状况，预计5年左右，邓家院子的民宿项目就可以实现收益与成本的平衡，届时，村集体经济组织与相关村民有望获得持续的利润分红收入。因此，从实践经验来看，"三变"改革的制度设计在保障村庄资源所有者的利益、拓宽村民与村集体的增收渠道方面具有显著的效果。

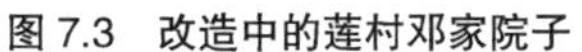

图 7.3　改造中的莲村邓家院子

图 7.4　莲村邓家院子的村民获得第一笔保底收益（2019 年 12 月）

2019 年 10—12 月莲村第一批房屋改造农户的保底收益情况　表 7.1

序号	姓名	所属费用项目	房屋结构	租地面积（m^2）	费用标准[元/（m^2·月）]	月份数（月）	金额（元）
1	刘某全	4 组	砖混	157.00	4	3	1884.00
2	邓某芬	邓家院子	砖混	72.43	4	3	869.16
3	周某容	邓家院子	砖混	180.00	4	3	2160.00
4	邓某寿	邓家院子	砖混	202.00	4	3	2424.00
5	尹某科	4 组	砖混	274.20	4	3	3290.40
6	万某碧	邓家院子	砖混	172.20	4	3	2066.40
7	刘某全	4 组	砖混	207.00	4	3	2484.00
8	刘某承	4 组	砖混	30.00	4	3	360.00
			土木	68.00	2	3	408.00
9	娄某居	娄家院子	土木	149.04	2	3	894.24
10	皮某会	娄家院子	土木	168.00	2	3	1008.00
11	肖某维	娄家院子	砖混	289.88	4	3	3478.56
12	曾某容	娄家院子	土木	399.48	2	3	2396.88
13	娄某固	娄家院子	土木	279.66	2	3	1677.96
14	邓某禄	邓家院子	土木	84.00	2	3	504.00
15	冉某元	5 组	土木	75.00	2	3	450.00
16	周某霞	5 组	土木	75.00	2	3	450.00
17	徐某	5 组	土木	270.00	2	3	1620.00
—	合计	—	—	3152.89	—	51	28425.60

（资料来源：L 区农业农村委员会提供）

2. 面临的困境

1）乡村人居建设的不可持续性

莲村乡村人居建设不可持续的原因有以下两方面，一是乡村人居建设资金投入不可持续，二是利益联结机制不稳定。

（1）莲村的乡村人居建设主要依赖地方政府的财政项目资金投入以及市场主体的资金投入。为了实现市委、市政府下达的全市5%的村庄必须推进“三变”改革的政治目标，L区2020年又有10个村庄入选区级“三变”改革示范村，所有的示范村都需要项目资金的投入启动改革与建设，所以地方政府财政压力极大，从长远来看不可能对重点村进行持续的投入。目前，该村只完成了入股村民之中1/3的房屋改造，市场主体预测如果要完成其余村民房屋的民宿化改造，在基础建设方面还需要至少1000万元的资金投入。但由于村庄集体资产的“非标性”，市场主体无法以集体资产作为抵押物获得国有银行的金融支持，如果需要继续投入，只能以公司自有资产进行抵押贷款，经营压力与风险较大。当前该村的娄家院子完成主体建筑施工之后已暂停，如果邓家院子试运营期间的经营效益无法达到预期，其他房屋的改造工程很有可能停滞不前。

（2）正如前文所述，该村“三变”改革制度安排之下，多元主体之间的利益联结机制是不稳定的。地方政府不可能持续替代市场主体承担与村民之间的交易成本，如果在已经缺乏监管制度设计的情况下，市场主体继续规避与村民打交道，双方一直无法建立稳定的互信机制，最终有可能导致多元主体之间的内部矛盾。为了缓解矛盾，市场主体就必须付出更多的交易成本与村民、村集体进行协商交涉，从而影响乡村人居建设的可持续性。

2）村庄公共品供给的有限性

地方政府的财政投入显著地改善了莲村的基础设施，这无疑是为村庄提供了公共品。那么市场主体斥资打造的民宿项目与品牌，应不应该作为村庄的公共品呢？

从我国农村集体产权的设置来看，村庄的公共区域以及宅基地、农地的所有权都是公有的，村民具有相关宅基地的资格权、使用权，农地的承包权、经营权，只有村民在宅基地上修建的房屋等建筑物的所有权是私有的。所以，村民的日常生产和生活都占用了大量的归属于村集体的资源，虽然这些资源并非都是村庄公共品。同理，市场主体与村集体经济组织、村民合股联营的民宿项目，虽然主要空间载体是由村民私有住房改造而成的民宿，但日常经营仍然会占用或者利用属于集体所有的宅基地、附属土地、公共道路、溪流、堰塘、树林等资源，这也是在民宿项目收益分配方面必须保证一定比例集体收益的法律基础。所以，市场主体斥资打造的民宿建筑及其内部空间应作为村民和市场主体共享的私产，村民具有所有权，市场主体拥有民宿的使用和经营权；而利用村庄集体资源整体打造出来的乡村民宿品牌，应该作为一种可以由所有村民无门槛利用的村庄公共品，村集体经济组织应该作为这种公共品在使用上的管理者与协调者，不应该由市场主体或者合营公司独占民宿品牌的收益权。

然而，从目前的情况来看，地方政府、村集体、市场主体都忽视了民宿品牌应该属于村庄公共品这一点。为了避免其他主体与合营公司之间的同质竞争，协议中严格限制了村民，包括入股与未入股村民，未来利用民宿品牌及其可能带来的客源优势进行相关业态项目经营的自主性。合营公司对于相关业态准入权的控制，使得原本应当作为村庄公共品的民宿品牌具有了排他性与竞争性的私人物品的特征。于是，该村乡村人居建设的成果当中，只有核心区域的设施配套可以算是严格意义上的村庄公共品。制度设计的漏洞，不仅造成了村庄公共品供给非常有限，未来还有可能引发村民与合营公司之间的争端，成为影响利益联结机制稳定性的隐患。

3）村庄公共环境与设施的日常维护难以维系

基于前文关于各参与主体行为特征的分析，不难发现，在莲村“三变”改革的既有制度之下，所有参与主体都不具备主动维护村庄公共环境与设施的动机。

从村庄公共品的主要使用者与受益者来看，一方面，市场主体为了尽量降低成本，不会主动参与与民宿项目建设、运营无关的事务，最多只是督促其他相关责任方尽快解决与民宿项目运营有关的设施建设与维护问题；另一方面，莲村的村民在当前制度安排之下异化为了三种不同的利益群体，这三种利益群体对于村庄公共事务问题相互推诿，没有从改革当中获利以及尚未获得应有利益群体均认为自己不应该承担公共环境与设施的维护义务，而既有制度并未规定村民在从改革中获利的同时，需要履行怎样的义务。

所以，该村的公共环境与设施的日常维护责任最终只能由村集体和地方政府承担。莲村的村集体经济组织除了民宿项目以外并没有其他收入来源，而村集体在该项目当中的保底收益和利润分红比例极低，不足以负担公共区域环境与设施日常维护开支。村集体只能不断地向上级政府申请专项资金用于支付日常开支，将维护村庄公共品的成本转移给地方政府。

7.2 莲村村民与市场主体之间不合作的制度逻辑分析

7.2.1 “三变”改革的制度创新逻辑与合约分析

“三变”改革的制度逻辑在于通过集体成员确权以及集体资产清核、评估、折价入股，实现了将原本边界模糊的农村集体资源产权明晰到集体经济组织，将股权明晰到农户。制度创新的本质是股份合作制，制度逻辑的起点在于落实集体成员权（夏英 等，2020）。“三变”改革是一次产权管制放松[①]的制度变迁，其目的是激励产权人提高集体资源的利用效率，并形成规模报酬递增效应。在莲村集体资源开发与利用的过程中，涉及多元主体共同参与，社会分工的拓展必然伴随着交易的扩张，使得交易的频次和复杂性增加，多元主体之间必须通过缔结合约来形成有效的激励并降低交易成本。

莲村“三变”改革的合约主要有两个层次，第一层是旅游合作社成员之间确定合作章程，第二层是合作社与合营公司之间签订合股联营协议。正如德姆塞茨（1994）所言，“产权的一个主要功能就是导引人们实现将外部性较大地内在化的激励”。莲村多元主体之间缔结的以产权安排和股权安排为主要内容的合约已经起到了一定的激励作用，其中最显著的是村集体的原始资产完成了内部化的定价和交易，避免了个体村民与外部市场主体直接交易的成本，实现了闲置资源的市场化和价值化，增加了村民与村集体的收入。同时，集体经济组织逐渐转型为具有现代企业制度的村社企业联合体，有助于未来开展多种业态经营，实现持续增收。

孔祥智（2020）基于对“三变”改革案例的实地调查，探讨了产权改革对农村集体经济的激励机制，研究发现：以资源产权明晰到集体经济组织、股权明晰到农户为主要特征的产权制度改革存在着经营者积极性下降的同时经营效率反而提升的“产权悖论”。在成立股份合作社的过程中，作为经营者的理事长一般都由村党支部书记或者村委会主任来承担，在莲村，理事长就是由村党支部书记担任的，其经营的积极性从理论上讲是下降的，因为改革前理事长具有支配集体资产或资源的剩余索取权，对于年终利润的规划使用有决定权；改革后，改由章程或村民（代表）大会决定，理事长和其他经营管理人员只是合法地领取工资或者补贴。孔祥智（2020）

---

① 产权制度反映了资源权利的竞争分配格局：当外部权威通过强制力限制或者剥夺了资源产权集合中全部或部分权利项时，称之为产权管制；当这些曾经被限制或者剥夺的权利项的部分或全部被外部权力重新赋予时，称之为产权管制放松。参见：张超，罗必良，2018. 中国农村特色扶贫开发道路的制度分析：基于产权的视角 [J]. 数量经济技术经济研究（3）：7.

对“产权悖论”的理论解释是虽然村干部在改革的过程中作为经营者的积极性降低，但村干部在改革中普遍获得了正向政治激励机制，这就是产权制度改革推动集体经济发展立见效果的“制度奥秘”。

然而，本书研究发现，产权和股权改革对产权人的激励作用亦不可忽视。“三变”改革的制度逻辑是将集体资源的开发和收益权以股权的形式落实到农户，而股份合作社与合营公司签订的联营协议使得农户具有了在空间资源开发过程中获得保底分红和利润分红的收益预期，从而调动了农民加入股份合作社的积极性，使得曾经四至不清、边界不明的集体资源产权的效用得到增强。比如在莲村成立旅游股份合作社的报名阶段，村民报名的积极性是超乎想象的，有的村民愿意将其所有村内的宅基地及房屋折价入股，有的村民即使仍然住在村内，也愿意清理出其中一两间房屋折价入股，这给市场主体带来了不少困扰，最后请基层政府出面劝退了一些不在此次项目建设范围内的或者不具备入股条件的村民。从这一细节可以看出，此次以股权落实到户为特征的集体产权改革，是有助于调动村民入股积极性并提高村庄资源产权效用的，这是此次改革与 20 世纪 80 年代初期改革的异曲同工之处。因此，“三变”改革“产权悖论”现象出现的另一个原因：双重合约的共同作用之下，集体资源的开发权和收益权以股份落实到户，使得具有资源用益物权的农户获得了正向激励，提高了集体资源的利用效率。

另外，如果政府与村集体、市场主体之间能够达成将财政投入转化为村民和村集体持有股的合约，那么上述正向激励将会再一次增强。

7.2.2　村民与市场主体之间的合作成本

“三变”改革的合约关系之下，存在着村民之间的内部交易以及村民与外部主体之间的资源权利交易，多元主体之间的交易成本来源于以下三方面：①村民由于受到教育水平、文化、经济条件的约束而表现出来的有限理性，以及为了追求自身利益最大化而表现出的投机主义；②市场主体、村集体经济组织、入股村民之间的三方交易存在着诸多不确定性与复杂性，使得需要签订的契约类型与需要协商的内容变得复杂多样，增加了交易的难度；③多元主体之间的信息不对称与互不信任的氛围将会增加三方交易的难度。莲村的交易成本主要有以下三方面：

1. 个体农户之间的沟通成本

在“三变”改革初期的动员过程中、旅游股份合作社成立的过程中、日常的项目经营过程中，都存在着与个体农户之间的沟通成本。该成本不仅源于村民的有限理性与投机主义特征，还因为现代乡村社会村民“半工半耕”“城乡双栖”的特征使得村庄当中不在地村民的比例大幅度增加，与不在地村民之间进行沟通的难度远远大于与在地村民之间沟通的难度，这种原子化的乡村社会的现实状况增加了与个体农户之间交易的成本。比如，在成立旅游股份合作社过程中，需要大部分参股农户出席的重要会议、一些需要农户本人或者身份证明原件才能办理的手续，经常会由于村民在外务工无法返回而一再拖延。

2. 协商与议价成本

莲村“三变”改革过程中的协商和议价成本主要包括以下三个方面：①在成立旅游股份合作社的过程中，关于村民投入的房屋 20 年使用权与经营权折价入股的协商和议价成本：在对村集体与村民投入的资源进行资产清核、股权量化的过程中，需要聘请专业的资产评估公司进行产权价值评估，还需要建立一个所有成员一致认可的公平公正的折价入股标准，这些过程需要花费大量的成本。②市场主体与村集体经济组织组建合营公司的协商议价成本：需要通过核实与认可双方投入的资金与资产，协商确定决策权、股权、利润分红的比例以及合营公司董事会与经理层的组织架构，由于交易的复杂性，使得双方需要不断地签订补充协议来规范交易行为。③合营公司与旅游股份合作社之间的协商议价成本：由于农户成立了旅游股份合作社，为市场主体规避了与个体农户之间直接协商议价的高额交易成本，市场主体可以直接与旅游股份合作社的理事会、监事会成员进行协商议价，确定旅游股份合作社的保底收益与双方的利润分红比例，以及违约责任等事项。

3. 由可信承诺问题导致的监督成本

异质性的多元主体之间必然会由于掌握信息的程度的不同，而存在着优势方与劣势方，优势方的投机主义与劣势方的担忧，极易造成双方承诺的不可信，为了解决可信承诺问题就必须用监督的手段，也就是付出监督成本。在莲村参与“三变”改革的三个主体当中，市场主体往往拥有更丰富的市场与政策信息渠道从而成为优势方；村民及由村民组成的旅游股份合作社在获取相关信息方面则是劣势方；村集体经济组织仅占 30% 的合营公司决策权，参与公司运营管理的程度较低，也属于相对劣势的一方。所以，市场主体与村集体之间、合营公司与旅游股份合作社之间由于信息的不对称和情理之中的互不信任的氛围，而存在着高额的监督成本。

总体而言，在莲村“三变”改革的制度安排之下，地方政府与村集体经济组织作为改革的主要推动者，承担了与个体农户之间大量的交易成本，促成了村民的组织化，才使得市场主体得以规避与个体农户之间的缔约成本，但市场主体和村民之间尚未建立稳定的互信机制，由可信承诺问题导致的履约成本仍然很高。该村相关交易成本及其承担主体情况见表 7.2 所列。

莲村“三变”改革的交易成本及其实际承担主体　　表 7.2

		地方政府	市场主体	村集体	村民（代理人）
沟通成本	与个体农户的沟通成本	√	—	√	√
协商议价成本	成立旅游股份合作社的议价成本	√	—	√	√
	组建合营公司的协商议价成本	√	√	√	—
	合营公司与旅游股份合作社之间的协商议价成本	√	√	√	√
由可信承诺问题导致的监督成本	市场主体与村集体之间的监督成本	√	—	√	—
	合营公司与旅游股份合作社之间的监督成本	√	—	√	—

7.2.3　莲村村民之间、村民与市场主体之间合作失败的原因分析

莲村“三变”改革的合约虽然在一定程度增进了资源产权的效用，但是从村民和市场主体的行为观察来看，这套有利于激发内生动力的合约，在莲村却没能真正促成村民之间以及村民与市场主体之间的合作，村民之间、村民与市场主体之间的合作是非常低限度的。其原因与实际操作过程中的合约缺陷有关。

1. 村民之间有限合作的原因

通过对相关合约和合作成本的分析，本书发现莲村村民之间有限合作的原因与合约激励错位以及合约未能提供促成村民合作的“聚点”有关。①莲村作为“三变”改革重点村，其缔约过程受到政府管控的影响，并非完全市场规则作用下的自由缔约，地方政府为了确保制度变迁的实现，在缔约过程中给予了市场主体充分的利益激励，相比之下，合约对于作为集体资源产权的所有者，即村民与村集体的激励不足。②地方政府的财政投入转化为村民和村集体持有股的合约缺失，使得村民和村集体在项目经营中的利润分红比例偏低，进一步加重了对产权主体激励不足的状况。③村民之间不存在“利益捆绑”的合约，市场主体与村民之间的保底分红和利润分红是根据村民持股量的不同，以户为单位分别结算的，这种合约的优势在于降低了村民履约的成本，其他村民的行动不再进入自己的决策函数，村民之间的外部性问

题被克服了。然而，这么一来，村民之间没有了进行深度合作的“聚点”，村民只关心市场主体的经营状况，并不关心村庄公共事务，在村庄公共品供给和维护方面，村民都采取搭便车策略。

2. 村民与市场主体之间有限合作的原因

在“三变”改革的合约之下，村民与市场主体之间存在着合作的“聚点”，即通过空间资源的合作开发实现共赢，但由于合约在成本控制机制方面的缺陷，导致合作难以维持。具体原因包括以下三个方面。①在合作成本分析中发现，村民与市场主体之间的合作的事前成本主要是由作为第三方的地方各级政府来承担的，村民与市场主体在缔约的过程中缺乏充分的交流和了解。②由于村民和市场主体之间缺乏必要的信息交换渠道，使得异质性的利益相关者之间缺乏互信的氛围。③互信氛围的缺失将会导致可信承诺的成本，即村民与市场主体违约行为导致的成本，这种成本需要通过有效的监督机制加以控制，然而莲村的村民和市场主体之间，不具备易于实施的日常监督机制。目前，合营公司与旅游股份合作社之间的监督是以村党支部书记以及村集体经济组织派遣的出纳进行代理监督，并通过年度审计与村干部换届审计制度来进行低频次的外部强制监督，但这些监督方式并不能实现信息的充分公开，以及利益相关者之间日常化的相互观察。如果地方政府与市场主体继续规避村民对经营行为的日常监管，利益相关者之间将很难形成相互信任的氛围，并导致市场主体必须付出更为可观的可信承诺成本。可信承诺成本的实际表现是，例如，那些入股但房屋尚未改造的农户以及那些怀疑没有拿到应有的利润分红的农户，将会在违约情形之外，不断地给合营公司制造麻烦，那么合营公司，特别是市场主体的经营成本与经营风险将会显著增加。当交易双方感觉对方违规的情形难以避免时，合作是无法持续的。

7.3 石村“三变”改革的主体行为与建设情况

同为重庆市L区首批“三变”改革重点村的石村，与莲村相邻，同属于L区LA街道，交通条件良好、区位优势显著，主导产业以花卉苗木种植业为主，种植面积2800余亩。石村村域内还有具有地方特色的历史文化旅游资源：①佛教文化旅游资源。建于唐麟德年间，拥有1400年历史的历山寺，明朱元璋小叔父朱五六曾在此任住持，明朝历山寺住持圣可大师发心前往九龙坡修建了名声远扬的重庆华岩寺，近代刘伯承、林森等名人都曾到访历山寺并留下墨宝。②非物质文化遗产。源于石村的大傩舞是重庆市首批非物质文化遗产。③民俗文化旅游资源。正月十四的历山汉族火把节，是当地一种独具特色的民俗活动，至今仍然每年按期举行。④历史遗迹：境内完整保留了一座 20 世纪 50 年代的古石拱桥。另外，该村还由立山生态农业开发有限责任公司打造了一处历山生态园，可供游客休闲观光。

2019 年该村村民人均可支配收入 2.1 万元，较 2018 年度增长 13%，村民收入主要来源是务工。2019 年，该村集体经济收入 65.6 万元，其中自主经营性收入 3300 元。同年该村集体经济支出 85.8 万元，其中道路修建以及人居环境整治的相关事项支出 68.88 万元，其他支出 16.92 万元。

7.3.1　以村民为主导的“三变”改革利益联结机制

1. 事前动员与内部资本积累

石村的“三变”改革同样基于“1+1+*N*”的运作机制，利益联结机制也由三大主体构成：由入股村民组建的旅游股份合作社、市场主体、村集体经济组织。其中，后两者组建合营公司与旅游股份合作社合股联营石村的民宿与民俗旅游项目。石村“三变”改革的特殊之处在于，构建三方主体的利益联结机制之前，旅游股份合作社的 40 户成员当中，已经有 30 户通过自筹资金的方式对自家房屋和院坝进行了改造。

石村事前动员的成功不是一朝一夕事情，而是得益于本地能人长期、持续地推进相关工作。该村的这位能人，既是从村里走出去的“农民”，又是 L 区文化旅游协会会长和人大代表，村民称其“叶代表”。此人既有强烈的乡土情怀和落叶归根的愿望，又有着文化旅游项目运营的经验和相关资源，同时还非常了解地方政府的工作模式。2012 年，“叶代表”返乡从事农业方面的经营并开始与村民们打交道，在此过程中，他深刻意识到乡村项目的开发必须得到当地村民的认可，并且需要村民的主动参与，否则村民不但无法发挥作用，反而会成为项目持续发展的阻力；但同时，村民由于个体理解能力的差异，难以形成共同的认识，不会轻易地信任他人，并且长期形成的思维与生活习惯也不愿意改变。所以，“叶代表”采取的策略是少说多干，他尽自己所能帮助村集体解读地方政策，为石村争取财政专项资金改善村庄道路设施与环境；成立立山生态农业开发有限责任公司，并自筹资金打造历山生态园，为石村开拓乡村旅游市场。逐渐地，村民开始信任“叶代表”，遇到大事情都找他拿主意。历山生态园运营起来之后，“叶代表”鼓励有条件的村民可以对自家农房进行改造，经营农家乐或者餐饮项目，并为这些有意愿改造房屋的村民提供免费的设计方案与施工指导。几户村民完成房屋改造之后得到了其他村民的称赞和认可，由于村民之间存在着攀比心理，于是逐渐地有更多村民参与到自家房屋的改造行动中来。“叶代表”为这些愿意改造自家房屋的村民提供了统一的改造标准，也为需要融资贷款的村民提供了一些贷款的渠道。村民们的行动逐渐统一起来，为后续形成集体化的项目运营与监管机制打下了基础。同时，村民们通过自筹资金进行民居改造，也是在进行一种村庄内部的资本积累，这种内部资本积累的优势在利益联结机制的构建中显现了出来。

2. 以村民为主体构建利益联结机制

（1）以“三变”改革为契机，石村把这些完成了房屋改造以及有意向进行改造的 40 户村民组织起来，组建了历山寺农业观光旅游股份合作社（以下简称“旅游股份合作社”）。村民入股的股金计算方式为：以改造后（或者未改造）房屋的整体评估价值与用于民宿经营的房间评估价值的总和作为股金。计算该农户的股权：入股房屋折价的股金除以全体股东的股金。股东的入股期限也是 20 年。

（2）以“叶代表”为法定代表人的立山生态农业开发有限公司与石村集体经济组织组建合营公司。双方合作经营该村的民宿管理、农业观光旅游、民俗文化旅游、住宿、餐饮等项目及相关的互联网营销；水果、蔬菜、花卉苗木等农副产品的种植与销售；农业技术培训及信息咨询服务；承办经批准的文化交流活动。该村合营公司与莲村的合营公司在组织架构上是类似的，市场主体与村集体经济组织的股权与决策权比例为 70% ：30%。运营监管仍然采用村集体经济组织派遣出纳的方式。但是，由于该村大部分股东事先对自家房屋进行了改造，合营公司的注册资金仅为 50 万元，而莲村合营公司的注册资金为 500 万元。另外，石村的集体经济组织从合营公司所获得的利润分红中提取 10% 作为固定利润。

（3）合营公司与旅游股份合作社签订合股联营协议。双方的合作方式是：合营公司负责组建管理团队、制定统一规章制度并统一经营管理相关民宿；旅游股份合作社负责督促其管理范围内的已改造或正在改造房屋的所有权人，按照规章制度参与民宿业态经营。双方约定民宿业态的经营由合营公司统一收费，旅游股份合作社与合营公司按照 85% ：15% 的比例分配利润。合营公司提取的 15% 当中，有 1.5% 是村集体经济组织的固定利润。因此，石村的入股村民、市场主体、村集体经济组织的利润分红比例为 85% ：13.5% ：1.5%，如图 7.5 所示，旅游股份合作社是项目经营的主要受益者，并且协议规定每月的 10 日前要完成上月的结算与利润分配。这与莲村呈现出了完全不同的状况，莲村三者利润分红的比例为 20% ：70% ：10%，且利润分红按年度结算，每年一次。除了利润分红之外，石村不设置保底收益，因

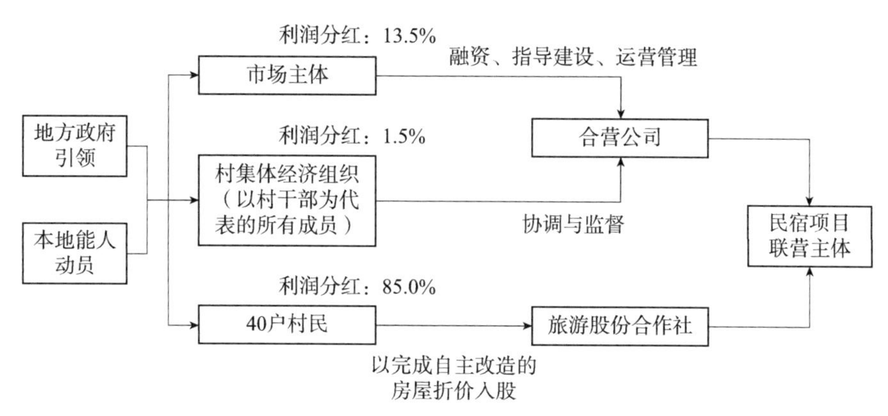

图 7.5　石村民宿项目合股联营主体组成结构图

为所有入股村民都达成了一种共识：在当前的建设与运作模式之下，村民获得的保底效益就是改善了自己的居住和生活环境，不需要合营公司再另外支付保底收益。另外，相比莲村而言，石村对于股东违约的处罚规定极少，因为在村民已经进行了前期投入的情况下，市场主体与村集体经济组织认为这些入股村民几乎不会成为潜在违规者。

3. 集体化的项目运营机制

石村的民宿与旅游接待项目的运营方式是“集体化”的方式。①营业收入由合营公司统一管理。比如，合营公司会跟旅行团合作，每月接待一定数量的团队游客并收取相应的费用；大部分散客采取网络平台下单的方式进行付款；如果村民的民宿接待了线下散客，其收益统一自觉上缴。如此合营公司基本实现了对收入的统一管理。②合营公司根据旅行团以及网络订单的游客总量，统一安排民宿和餐饮接待。入股的农户以分工合作为主，每户负责一部分游客的住宿和餐饮接待，或者安排游客体验长桌宴，每户负责制作一到两道固定品种的农家菜。③合营公司统一控制运营成本。除了人工成本由村民自行承担以外，合营公司负责统一控制、支付运营成本，包括入股农户每月增加的水电燃料成本、餐饮原材料采购成本、农户接待散客的成本等。

7.3.2　村民、市场主体与地方政府的行为

1. 村民的行为特征

石村村民由分散到合作、由被动参与到主动建设的行为变化，经历了以下几个

主要过程：①在“叶代表”以身作则、经年累月地为村庄作贡献，村民看在眼里，随着时间的推移，逐渐对这位能人产生信任；②最初的几户村民不但愿意相信这位能人，还愿意做第一批“吃螃蟹的人”，通过自筹资金按照统一要求完成自家房屋改造并起到示范作用，让其他旁观的村民逐渐有了参与自筹自建的意愿；③以“叶代表”为法人的市场主体通过举办民俗节庆活动为该村聚人气，村民们从邻村其他村民的口中听到了对村庄变化的赞美，逐渐产生自我认同感与自豪感，并且也了解到村庄民俗文化资源的市场价值、预判到村庄发展旅游业的市场潜力，于是有更多的村民开始付诸行动加入到改造中来；④村民在“三变”改革的利益联结机制当中被明确处于利益主体的地位，其积极性与能动性被激发出来；⑤村民自筹自建的做法获得了地方政府与金融机构的支持，获得了区级银行贷款900万元，更加增进了村民改造房屋、参与集体化项目运营的积极性。与莲村村民坐享其成、内部分化并形成潜在竞争关系，以及不同利益群体之间相互推诿不愿参与公共事务完全不同的是：石村入股村民具备了共同的利益目标，愿意按照规章制度参与集体化的经营活动，并且还有更多的村民希望能够创造条件加入到旅游股份合作社当中，这些村民的个人利益的实现是基于互助互信的集体行动，因此村民不会抵触为村庄分担公共事务。

2. 市场主体的行为特征

石村的市场主体与莲村的市场主体之间最大的区别在于：一方面，前者的法人代表是本地能人，可以算是本村企业，并且与石村保持了长期合作的关系；另一方面，前者在项目运营方面面临的风险低，目前主要建设成本由政府和农户承担，并且还获得了金融支持。所以，两村的市场主体呈现出不同的行为策略与特征。①石村的市场主体认可村民的主体性，更愿意参与村庄的公共事务，为村民服务。比如，企业法人长期利用个人资源为该村争取项目资金，并且在利益联结机制当中，市场主体愿意以村民作为主要受益者进行利润分配。②石村的市场主体积极地与村民打交道，并不刻意避免与个体村民之间的交易成本，而是采取建立稳定信任机制的策略来降低其他方面的不可预见的交易成本。总之，石村市场主体的行动目标并非实现短期收益的最大化或者在短期内实现收支平衡，而是希望与村民建立长期的合作关系，实现更可持续的长期效益。

3. 地方政府的行为特征

石村“自主建设+‘三变’改革”的制度安排之下，村民的组织与动员主要由本地能人和村集体推进，地方政府无须承担过多的与个体村民之间交易的成本。并且石村多元主体之间已经形成了良性互信机制，也具有较为完善的监管制度设计，使得地方政府无须操心该村利益联结机制的稳定性问题。因此，地方政府可以将更多的精力用于为该村申请项目资金和打通融资渠道等关键环节。作者在对该区“三变”改革分管部门领导进行访谈时发现，地方政府更为认可石村的“三变”改革制度安排，认为该村的乡村人居建设与项目运营更具有可持续性。地方政府为了支持该村村民自筹自建改造民宿的做法，一直在努力探索如何为村民打通融资渠道。2020 年 7 月，区政府探索出了一条利用“三社融合”风险补偿资金作为担保金进行贷款融资的路径，石村包括“叶代表”在内的 3 位村庄能人，获得了区级银行贷款 900 万元，用于完善该村的民宿配套设施与经营条件，对该村村民参与自筹自建的积极性起到了极大的促进作用。

4. 村干部的行为特征

石村的村干部们同样面临着激励机制不足的问题。比如，村集体经济组织在民宿项目当中的利润分红比例是极低的，只有 1.5%。但该村在历山生态园项目当中，以及民俗文化节庆活动中能够获取一定数量的集体经济收入。并且得益于本地能人的付出，村集体经济组织在“三变”改革与乡村人居建设过程中承担的交易成本比莲村少了很多，可以集中精力做好对接地方政府、争取有利政策等更为重要的工作。

7.3.3 石村的空间资源开发成效

石村可持续的资金投入保障了乡村人居建设的持续推进。石村民宿项目的推进主要依靠村民的不断加入与持续、缓慢的资金投入。迄今为止，石村的 30 户已改造房屋的村民，在民宿项目上的投入约 500 万元，地方政府为了推进该村“三变”改革重点村的建设追加投入了专项资金约 300 万元。本地能人从区级银行获得了 900 万元的金融贷款支持，足以在当前已完成的 30 户民宿改造的基础上开展项目的正式运营。

近年来，石村的村庄环境与设施发生了显著的变化。市场主体投资建设的历山生态园项目改善了村庄的生态景观环境；“叶代表”利用个人资源与村集体共同努力争取了财政专项资金改善了村庄的道路设施、安装了路灯、修缮了历山寺，并适当完善了一些旅游服务设施。“三变”改革推进以来，地方政府追加的 300 万元财政投入，进一步完善了村庄道路、停车场、电力、垃圾处理、污水处理等配套设施。更重要的是，石村的 30 户村民通过自己的力量，按照相对统一的外观标准改善了房屋和院落的面貌，并且主动对自家房前屋后的人居环境进行日常维护，整个村庄给人以干净整洁的印象，如图 7.6 所示。

图 7.6 石村村民按照统一标准改造的民房

7.4 石村内生动力的制度逻辑分析

7.4.1 村民自建优先的“三变”改革合约分析

虽然石村的“三变”改革的制度框架与莲村是基本一致的，也包含了旅游合作社成员之间确定合作章程以及合作社与合营公司之间签订合股联营协议这两个层次的合约，但通过对合约内容进行比较，我们发现石村的“三变”改革合约具有以下两个不同之处：

（1）石村的核心资源所有权人在利益博弈中处于强势地位，能够主导缔结合约的过程，并且村庄内部主体能够获得大部分的项目利润分红，这对于村民和村干部产生了有效的利益激励。石村内部主体的强势地位并非由来已久，而是得益于“能人治村”的基层治理制度，村庄权威发挥了其信誉的激励作用，对村民作出了可信承诺，鼓励村民自筹资金改造房屋并实现了村庄内部资本积累和增值，从而显著提高了内部主体的位势。拥有稀缺资源的所有权人的积极性被充分调动起来，这有助于提高村庄集体资源的配置效率，实现可持续的乡村人居建设与公共品供给。

（2）入股村民签订了以集体化的形式进行项目运营的合约。该运营方式的好处在于，一方面合营公司不需要持续地进行大规模资金投入，可以专注于项目运营和管理，相对于莲村而言，市场主体的运营风险小了很多；另一方面，入股农户是为集体工作的，每人都在进行相同程度的付出，农户不用担心经营风险、不用担心自家民宿出现门可罗雀的情况、相互之间不存在恶性竞争，因为大家都知道，所有的收入都是集体的收入，每月只要有游客，集体化的运营就会有收入，每个股东就可以根据既定的股权比例拿到应得的利润分红。集体化运营的合约为村民之间的深度合作提供了新的“聚点”，但同时也使得他人的行动再次进入村民的决策函数，村民之间的外部性问题再次出现，因此，石村需要建立村民之间相互监督的机制来控制由于村民的可信承诺问题所造成的履约成本。

7.4.2　村民之间、村民与市场主体之间合作的成本

1. 村民之间的沟通成本

村民为主体的“三变”改革以及集体化的运营机制的形成，必然面临着沟通成本。事前沟通成本主要由本地能人、村集体经济组织、村民等内部主体承担，特别是本地能人在前期花费了大量的时间与精力进行村民动员。

2. 村民与市场主体之间的协商议价成本

协商议价成本就是多元主体之间的缔约成本。石村的市场主体与村集体经济组织之间以及合营公司与旅游股份合作社之间的协商议价成本，相对于莲村而言是很低的，原因在于：①石村参与“三变”改革的市场主体的法人代表就是本地能人，市场主体与村集体经济组织之间保持了长期的沟通与合作，市场主体与村民之间也形成了互信关系；②村民在参与“三变”改革之前已经对民宿项目进行了力所能及的投入，并且项目运营也不需要依靠市场主体进行大量持续的资金投入，从某种程度上来说，交易的不确定性相对更低，村民与市场主体中途退出的可能性较小，所以相关协议中不需要刻意采取各种周密的协议条款来约束交易参与者的行为。

3. 监督成本

石村“三变”改革和集体化项目运营机制之下，监督成本主要由以下两方面组成。①村民与市场主体之间相互监督的成本。虽然石村的市场主体法人是村民比较了解和信任的乡村精英，但是，只有对市场主体实现直接有效的监督，才能够避免乡村精英潜在的权力寻租以及道德风险问题，正如李培林（2019）所言，只有实现

对权威的监督和制裁，才能在大众和权威之间形成真正的信任。另外，市场主体对于其合作对象，即入股村民的日常监督也是需要花费成本的。②村民之间相互监督的成本。正如前文所言，集体化运营的合约使得他人的行动重新进入村民的决策函数，村民之间的外部性问题再次出现，因此，石村需要建立村民之间相互监督的机制来控制由于村民的可信承诺问题所造成的履约成本。能否构建易于实行日常化监督机制，成为村民之间合作的关键。

7.4.3 促成村民之间、村民与市场主体之间合作的四大机制

1. 石村空间开发的多元主体之间具有合作的"聚点"

①价格机制在形成石村多元主体的合作"聚点"方面发挥了重要作用。由于近年来市场消费偏好的变化，市民对下乡消费的需求持续增加，再加上第二机场建设为石村带来的区位优势以及石村本身具有的交通优势，该村空间、文化资源的市场价值提升，对村庄空间、文化资源开发能够为合作参与者带来新的潜在利润，成为村民与市场主体进行合作的最主要"聚点"。②"三变"改革的村庄外部正式制度变迁，使得村庄资源开发的潜在利润以及利润的分配方式也能够以正式合约的方式确定下来，使得不同主体对于潜在收益有了准确的预期。以上是莲村与石村合作"聚点"形成的共同之处。

但是，与莲村不同之处在于，石村的村民事前投入并进行内部资本积累，使得市场主体不需要在项目初期进行持续大规模的资金投入，可以专注于项目运营和管理，市场主体的运营风险相对小了很多。并且，由于该村的乡村精英在事前进行了大量的动员工作，分担了地方政府在推动"三变"改革过程中与村民之间的缔约成本，使得地方政府能够将更多精力用于为该村申请项目资金和打通融资渠道等环节。因此，石村的合约关系兼顾了多元主体的利益需求，更容易形成稳固的利益联结机制。

另外，石村集体化的项目运营机制使得入股村民之间产生了"利益捆绑"关系，从而为入股村民的深度合作创造了"聚点"。

2. 村民与市场主体之间的交流与信任机制

石村的"叶代表"作为村庄经济精英和政治精英，他在建立村民与市场主体之间的交流与信任机制方面发挥了关键作用。乡村精英在改革的前期花费了大量的时间与精力，并且利用其在村庄当中的社会资本对村民进行动员，而乡村精

英也是市场主体的法人代表，所以在后期运营的过程中，市场主体也主动承担了与个体农户的沟通成本。同时，该市场主体在改革之前就与村民和村集体保持了长期的合作关系，双方在多次重复博弈的过程中，已经形成了稳定的交流与信任机制。

3. 利益相关者之间低成本、常态化的内部监督机制

（1）石村的已入股村民之间具有易于实行的日常化的相互监督机制，能够控制村民之间的履约成本。市场主体对村民履约情况的监督也是通过村民之间的相互监督来实现的。在集体化的项目运营机制中，要实现营业收入的统一监管、统一分配，就需要加强对运营情况的监管。对村民的监督事项主要是村民接待了线下散客之后是否足额上缴了经营利润。为解决这一问题，石村采取的方式是利用乡土社会的非正式制度的内在约束，建立熟人社会中左邻右舍之间的日常监督，并规定如果被其他村民发现有农户存在不上缴经营利润的状况，该农户将被处以应上缴金额 5 倍的罚金，罚金的一半将由举报者获得，当然，农户很难准确判断举报者是谁。这样做的好处有 3 个：①让所有入股村民知晓违约的后果，从而降低村民当中对等者搭便车的概率；②利用利益密切相关的主体之间的日常相互观察，实现低成本的内部监督；③实施监督和惩罚是需要主体付出成本的，而罚金分配制度使得作为监督主体的村民，能够在执行匿名的相互监督的过程中获得少量物质奖励，从而增强村民相互监督的积极性。

（2）石村实现了村民对市场主体的直接监管，能够尽量避免市场主体与乡村精英的道德风险问题，并控制市场主体由于可信承诺问题造成的履约成本。一方面，石村规定了与莲村类似的监管方式，即由村党支部书记以及村集体经济组织派遣出纳对合营公司进行代理监管，并通过年度审计与村干部换届审计制度来进行强制监管；另一方面，石村建立了常态化、高频率的信息公开机制，要求合营公司每月进行利润分配之前都要召开一次例会，对旅游股份合作社的理事会和监事会成员公开上月运营情况，包括游客数量、运营成本、营业额，以及利润分配的情况。每月一次的沟通有助于市场主体与村民之间形成稳定的互信机制，也有助于做到财务的公开透明，使得市场主体主动接受大众监督。相对于莲村一年一次的利润分红频率而言，石村入股村民代表能够及时了解到市场主体的运营情况，市场主体进行暗箱操作的空间小了很多。并且，石村的市场主体法人是本村的乡村精英，乡村精英的行为也会受到乡土社会内部的差序格局等非正式制度的约束。

7.5 案例的比较与小结

7.5.1 空间资源开发中激发内生动力的绩效

2022年1月对石村进行回访调查，“叶代表”告诉笔者，由于受到全国新型冠状病毒肺炎疫情的影响，石村的民宿项目尚未开始正式运营。但笔者在对村民进行访谈时发现，大部分入股村民并没有因为项目暂时无法产生收益而焦虑，与柏村相似的是，石村的村民同样认为村庄人居环境的改善就是他们的“保底收益”。并且，石村的村民和村集体还在继续有序地推进项目建设，比如，村民和村集体在2021年国庆节之前自筹资金完成了林下烧烤场地的自主建设；利用区级银行贷款和政府财政资金，村集体与市场主体合股联营，共同推进属于村庄集体资产的乡村精品民宿项目建设；继续改造村庄道路和污水处理等基础设施。

由此可见，在村民的主体性和能动性被充分激活的情况下，石村自筹自建模式下的空间资源开发项目具有很强的抵御市场风险的能力。

7.5.2 石村激发内生动力的四大机制特征与影响因素总结

1. 石村激发乡村人居建设内生动力的四大机制特征总结

不同于莲村村民与市场主体之间缺乏信任机制和监督惩罚机制，石村具有完备的控制多元主体之间合作成本的四大机制。这些机制在控制合作成本方面的作用体现在以下方面：①聚点机制调动了村民参与乡村人居建设的积极性，使得村民与市场主体之间形成了共同利益目标，降低了村民与市场主体、地方政府之间的沟通协商成本，同时也避免了地方政府单方面地承担过多的交易成本；②村民与乡村精英之间日常化的信息交换以及市场主体每月一次的信息公开，尽量避免了由于村民和市场主体之间的信息不对称所带来的可信性成本；③石村在项目集体化运营中构建的监督惩罚机制，不但增强了村民与市场主体之间的相互信任关系，还能尽量控制由于村民的搭便车行为以及市场主体道德风险问题所带来的交易成本。

石村激发乡村人居建设内生动力的四大机制的顺畅运行，是由于具备了以下特征：①聚点机制兼顾了乡村空间资源开发活动中村民、市场主体、地方政府等多元主体的利益诉求，具有“激励相容”的特征；②石村村民与市场主体之间的信息交换机制具有日常化、高频次的特征，具有双重身份的乡村精英对村民的尊重和认可，是村民与市场主体之间形成有效信息交换机制的重要基础；③石村村民与市场主体之间的信任关系是一种乡土社会内部的互信关系，这种互信机制得益于传统乡土社会的内部规范的约束；④石村村民与市场主体之间的监督惩罚机制，巧妙地利用了乡土社会内部熟人之间的相互监督，呈现出内部化、日常化、低成本的特征。

2. 石村激发乡村人居建设内生动力的影响因素总结

通过对石村的案例经验研究，我们发现在村庄空间资源开发的过程中，激发村庄内生动力是众多制度与非制度的因素共同作用的结果。其中，制度因素包括：农村集体产权制度改革的外部制度环境、在"三变"改革中签订的内部合约等正式制度；差序格局、熟人社会、社会资本等非正式制度因素；村庄资源价值提升的价格机制。而非制度因素主要包括乡村精英的动员、地方政府支持与村庄的区位交通优势，如图 7.7 所示。

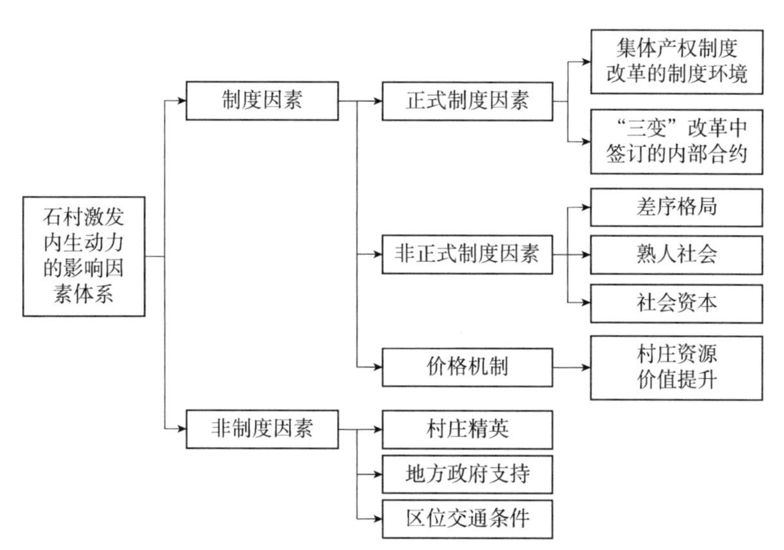

图 7.7　石村激发内生动力的影响因素体系

另外，这些影响因素在四大机制形成的过程中发挥的作用具有如下特征：①村民之间、村民与市场主体之间"聚点"的形成，源于村庄资源的价格机制以及"三变"改革的正式制度因素的影响，而乡村精英的动员、地方政府的支持、村庄的区位交通优势也起到了不可忽视的作用。②石村村民与市场主体之间的交流与信任机制源于乡村精英的不懈努力，同时也恰当地发挥了村庄社会资本、差序格局等非正式制度的积极作用；③石村村民之间、村民与市场主体之间的监督机制的形成，得益于"三变"改革中签订的内部正式合约，并运用熟人社会的内部监督、差序格局的内在约束，实现了低成本、常态化的内在监督。

与莲村的个案经验进行比较发现，石村内生动力的形成有其独特的优势条件：①石村的乡村精英以村庄资源价值提升为契机，实现了对村民的动员以及村庄资本的内部积累；②石村的乡村精英利用非正式制度因素建立了与村民之间的互信关系；③石村有效地利用乡土社会的内部规范实现了内部低成本监督，如图 7.8 所示。

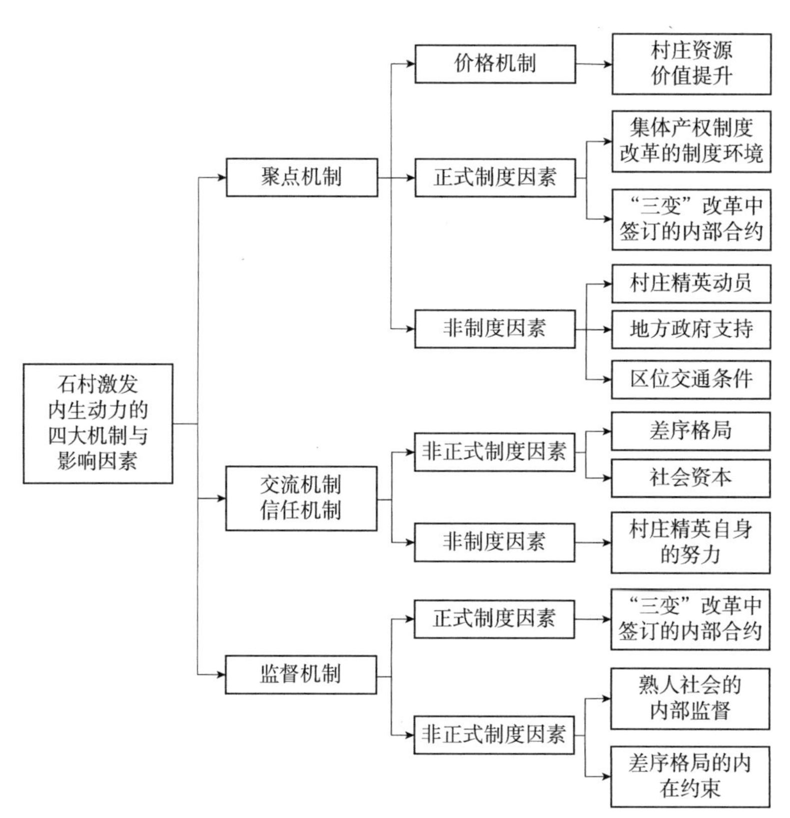

图 7.8 石村激发内生动力的四大机制及相关影响因素

第8章

结　论

当前，政府治理与市场治理已成为乡村人居建设的主要路径，然而，外部力量推动下的乡村人居建设虽然能够在短时间内取得显著成效，但是同时也带来了乡村可持续发展动力不足的问题。本书从新制度经济学的理论视角出发，围绕普通村庄如何在乡村人居建设政府治理、市场治理的路径下激发内生动力并形成多中心治理的核心议题展开研究。内生动力问题归根结底是关于乡村内部主体行为的问题，新制度经济学为我们提供了一套分析主体行为决策逻辑以及了解乡村人居建设实施和运行规律的理论研究方法。

本书运用新制度经济学理论构建了关于内生动力的理论基础，将乡村人居建设解读为一种村庄公共品供给活动，将内生动力解读为一种基于村民合作的村庄集体行动力。紧接着，从科斯的社会成本理论出发，对激发内生动力问题的本质进行理论解释，认为激发内生动力的阻力在于人与人之间的合作成本，并以控制合作成本的四大机制为核心，提出乡村人居建设内生动力制度逻辑的分析框架。在理论研究的基础上，本书继续展开对制度变迁影响下的我国乡村人居建设内生动力演变的历史脉络研究，以及乡村人居建设内生动力的个案研究。个案研究主要以成渝地区 4 个普通村庄为例，分别探讨在政府治理路径下的人居环境整治活动以及市场治理路径下的村庄空间资源开发活动中，激发内生动力的制度逻辑。个案研究表明，单纯的政府治理和市场治理都有其各自适用的场景，并且在乡村人居建设活动中具有效率上的优势，但是，当我们考察乡村人居建设的可持续性时，激发内生动力的村民合作供给的优势就显现出来了。关于政府治理和市场治理之下普通村庄激发内生动力的制度逻辑的研究，有助于在当前城乡融合大趋势下，构建多元主体共同参与的多中心治理格局，动员全社会力量全面推进乡村振兴。

8.1 激发乡村人居建设内生动力的制度逻辑

8.1.1 激发乡村人居建设内生动力的关键在于控制合作的交易成本

科斯把正交易成本引入经济学分析，从而使我们能够研究现实中的世界。交易成本如同相互作用物体之间粗糙的表面一般，是人与人之间交易摩擦力的源头。当我们认为激发内生动力的过程是促成人与人之间合作的过程，那么内生动力的阻力将来自人与人之间合作的成本。从行为的理性选择理论视角来看，在乡村人居建设活动中，人们之所以选择不合作，是因为合作的成本太高，以至于合作的收益无法对参与者形成有效激励。一般情况下，人们在选择合作与不合作的决策过程中亦不可能对合作收益以及合作成本进行精确计算，他们会采用一种类似于“模糊评价”的方法：当合作所产生的收益正好符合参与者们的利益诉求，而合作的成本又能够控制在参与者们所能接受的范围内时，合作就有可能发生。因此，我们需要通过聚点机制和信息交换机制，让合作的参与者们能够对合作收益达成共识，从而降低合作的事前成本，即缔约成本；需要通过信任机制和监督惩罚机制，尽量避免参与者的违规行为，从而降低合作的事后成本，即履约成本。同时，机制的运行也是要耗费成本的，因此，这些机制本身应该是易于实行的、日常化的、内部化的。

本书对乡村人居环境治理结构的理论研究表明，无论是政府治理还是市场治理，都存在着村民与外部主体之间的交易成本阻碍了符合村民真实需求的村庄公共品供给的根本性问题。因此，在乡村人居建设政府治理和市场治理路径之下，控制村民与外部主体之间的合作成本，实现村民之间、村民与外部主体之间的合作供给，是形成多中心治理格局、避免政府与市场“双重失灵”的关键所在。

8.1.2 政府治理之下激发内生动力的逻辑：权力变迁引发合作

喜村的经验研究表明，在常规的政府治理之下的乡村人居建设活动中，往往由基层政府部门选定项目落地的村庄，基层政府作为业主向建设主体招标，由第三方完成工程建设。在基层政府部门的权力支配下，村庄空间生产活动中作为受益主体的村民被动参与人居建设，并且由于政府与农民的关系定位不合理，当公共品供给活动占用个人资源时，还会出现村民跳出来当“钉子户”的现象。然而，基层政府参与村庄公共品供给的交易成本太高而制度激励不足，基层政府参与建设和治理的行为也是被动的。

而成都市通过实行村级公共服务与管理资金制度和财政奖补制度，重新赋予了普通村庄“财权”，赋予了村庄社会合作的“聚点”，并由此带动了一事一议村级民主议事机制的运转。财政下乡制度创新使得地方政府能够退出具体的乡村人居建设事务，使得柏村能够以村庄“内部权力”动员村民自筹自建、自主支配村庄空间资源。这种“内部权力”更多地表现为乡土社会差序格局之下的村庄社会内部整合能力，比如柏村在自筹自建的过程中，信任机制的建立以及监督惩罚机制的执行，大多是由村庄权威来实现，而不是村委会干部，村委会干部的角色是制度的组织者而不是执行者。

在“内部权力”的推动之下，柏村凝聚基层干部和村民的智慧，自下而上地构建起了一系列能够促成合作并控制合作成本的制度机制：通过聚点机制和日常化、多元化、非官方的信息交换机制，增进了村民之间、村民与村干部之间的相互了解，使得合作具备了基本的形成条件；通过扩大由村庄权威组成的村民议事会成员作为“天生合作者”对其他观望中的对等者的影响力，构建了以内部互信为基础的信任机制；更重要的是，柏村通过建立一套多层次、低成本且易于实施的监督机制从而控制合作的事后成本。

8.1.3 市场治理之下激发内生动力的逻辑：利益变迁引发合作

一般而言，在原子型的村庄当中的经济事务方面，村民之间往往只有个人利益而没有共同利益。近年来，伴随着城市人下乡消费需求的增加，受价格机制的影响，大都市近郊村庄的空间资源价值有所提升，能够为村民带来新的潜在收益。但由于我国乡村特殊的集体资源产权规则，这种收益的实现，必须以资源的整体开发为前提，村民之间因潜在的共同利益的出现而产生了合作的“聚点”。

另外，单靠村民自身是无法实现资源开发的，还需要具有开发运营技术和经验的市场主体的介入，以及地方政府的财政启动资金的支持。于是，围绕村庄空间资源开发的乡村社会分工出现了。社会分工使得人们能够摆脱孤立的状态而形成相互间的联系，使得人们能够同舟共济而不一意孤行。然而，分工所引发的社会相互依赖性，既可以产生效率、产生合作，也可以形成低效率、引发冲突。因为分工深化的同时会造成交易成本的增加，这时就需要成文的并且得到社会权力机构认可、实施和保障的正式合约来控制专业化和分工引发的交易成本。“三变”改革这种以落实集体成员权为逻辑起点的股份合作制改革能够解决多元主体分工合作的问题。

然而，同为“三变”改革重点村的莲村和石村，在同样的利益变迁之下，前者引发了潜在冲突、后者则促成了合作。其原因在于，“三变”改革落地过程中难免出现合约缺陷，也就是实际合约与理想化的合约之间存在着差距，实际合约对资源产权主体激励不足，或者内外部主体之间监督机制的缺失都有可能导致对合作成本控制的失败。

在乡村空间资源开发过程中，成功激发内生动力的石村不但具备控制合作成本的四大机制，并且还具备以下特征：①石村的聚点机制兼顾了乡村空间资源开发活动中村民、市场主体、地方政府等多元主体的利益诉求，具有“激励相容”的特征；②石村村民与市场主体之间具有日常化、高频次特征的信息交换机制，信息交换机制是村民与市场主体之间形成相互信任氛围的重要基础；③由于石村乡村精英具有经营主体以及村民代表的双重身份，石村村民与市场主体之间在乡土社会内部规范的约束之下，形成了一种稳定的互信机制；④石村巧妙地利用了乡土社会内部熟人之间的相互监督，构建了具有内部化、日常化、低成本特征的村民与市场主体之间的监督惩罚机制。

8.1.4 乡村社会内部规范在维持合作中发挥了广泛作用

柏村和石村在乡村人居建设中激发内生动力的成功经验具有一个相同的特点，那就是乡村人居建设中人与人之间的交易发生了内部化的转向，将常规的政府治理和市场治理路径之中面临的村民与外部主体之间的矛盾转化为村庄内部主体之间的矛盾。比如，柏村以村级公共服务与管理资金制度和财政奖补制度改革为契机，使得地方政府得以退出乡村人居建设的具体事务；而石村则是与以本村精英为法人代表的市场主体进行合作。乡村人居建设相关交易及交易成本的内部化转向，为传统乡土社会内部规范在维持合作的过程中发挥广泛作用创造了条件。

在中国，“关系”是最核心的要素，乡土社会差序格局之下人与人之间的关系是以“己”为中心的圈层关系，人们会不由自主地构建属于自己的圈子，越靠近圈子中心的人们关系越紧密，越是可信赖的“自己人”，这种最紧密的社会关系构成了人们最可靠的社会资源。即使是在中西部地区原子型的村庄当中，人们仍然通过拉关系、讲交情来发展自己的关系网络。在这种由圈层化的关系网络组织起来的社会中，人们扩展关系网络的手段就是互惠，通过互惠将他人纳入自己的关系圈子。因此，在中国的乡土社会，人们是普遍具有互惠利他倾向的，人们不仅追求物质利益最大化，还追求非物质利益最大化。

中国的乡村精英非常擅长利用一系列以社会关系为核心的权力技术来建立村庄内部的动员和治理机制。柏村和石村的个案研究表明，乡镇干部与村干部之间，村干部与村民之间打交道，会通过人际交往和情感投资，将公事转入与人际关系和情感相关的私人领域。比如，柏村的“外来书记”建立了“村长茶馆”制度，在与村民进行面对面的沟通之中，通过与村民讲交情、拉关系，逐渐消除村民对他的疑虑并获得了村民的信任；同时，柏村还利用小团体内的社会资本、村庄权威和差序格局的内在约束力，建立了一套易于日常施行的村民之间相互监督的机制。在石村，乡村精英也利用了自身与村民的交情以及在村庄中的影响力，完成了对村民自筹自建的动员，并建立起市场主体与村民之间相互信任的氛围；同时，石村还利用熟人社会的内在约束力，构建了一套入股村民之间、村民与市场主体之间的常态化的内部监督机制。

也就是说，无论是政府治理还是市场治理，当乡村人居建设中人与人之间的交易发生了内部化的转向时，乡村社会内部规范能够在建立信任和监督机制方面发挥巨大而广泛的作用，从而有助于村庄内部合作的长期续存。

8.2 本书的创新点

8.2.1 从新制度经济学的集体行动理论出发阐明了乡村人居建设内生动力的内涵

基于学界对内生动力缺乏明确定义和系统性阐释的现状，本书致力于从新制度经济学视角出发构建内生动力的理论基础，提出“乡村人居建设中的内生动力”实质上是在村庄公共品供给活动中的一种村庄集体行动力。其包含两个层次的内涵：①作为主要内部主体的村民之间的集体行动力；②组织化的村民与进入村庄的外部主体之间的协同行动力。激发内生动力的实质是促成村民之间以及村民与外部主体之间的合作。

8.2.2 围绕交易成本理论构建了乡村人居建设内生动力制度逻辑的分析框架

围绕普通村庄如何在乡村人居建设政府治理、市场治理的路径下促成村民合作并形成多中心治理的核心议题，本书在理论研究的基础上总结出通过四大机制激发内生动力的分析框架。研究认为，在乡村人居建设中，人们之所以选择不合作，是因为合作的交易成本太高，以至于合作的收益无法对参与者形成有效的激励；只有当合作所产生的收益正好符合人们的利益诉求，而合作的成本又能够控制在人们所能接受的范围内时，合作才有可能发生。基于威廉姆森将交易成本区分为事前成本和事后成本的基本认识，本书提出通过聚点机制和信息交换机制，让合作的参与者们能够形成对合作收益的预判，从而控制合作的事前成本，创造合作的形成条件；通过信任机制和监督惩罚机制，将合作的事后成本控制在参与者们可接受的范围内，从而保障合作的持续顺利进行。同时，四大机制是制度促成合作的作用机制，但机制的形成并发挥作用，受一系列制度与非制度因素影响，制度因素包括正式制度、非正式制度、治理制度、价格机制，非制度因素则包括乡村精英、自然灾害、村庄的区位交通条件等。

8.2.3 提出了控制多元主体合作交易成本、激发乡村人居建设内生动力的四大机制

本书对于激发乡村人居建设内生动力的聚点机制、信息交换机制、信任机制和监督惩罚机制进行了理论与个案研究。①聚点机制是指：在博弈当事人的效率曲线上找到一个“点”，这个“点”使得当事人的利益是一致的，并能够化解彼此之间的冲突，当博弈当事人同属于具有共同利益目标的社会群体时，“聚点”存在于共同目标当中；当博弈当事人不属于一个同质化的社会群体，“聚点”的形成需要一些特定的条件，比如，外部产权规则或者治理规则的变化重新赋予了博弈当事人新的权利，或者社会偏好的变化使得博弈当事人所共有的资源价值突然增加，或者突发的自然灾害激发了人们“抱团取暖”的本能从而产生了共同的利益目标，等等。②信息交换机制是指：制度安排必须能够为异质性的、事前并不熟识的个体提供信息交换的渠道，使得人们能够以日常化的、易于实施的方式了解到合作收益的存在。③可信承诺问题和监督惩罚问题是在相互联系中解决的，信任机制的构建需要以健全且有效的监督惩罚机制为保障。

个案研究表明，有效的聚点机制需要具备能够兼顾多元主体利益诉求的“激励相容”的特征，有效的信息交换机制需要具备日常化、多元化、非官方的特征，有效的信任机制需要以内部信任关系为基础并以完善的监督惩罚机制为保障，而有效的监督惩罚机制则需要具备内部化、日常化、低成本的特征。

8.2.4 揭示了在政府治理和市场治理路径下乡村人居建设参与主体的行为特征

本书结合个案研究，揭示了在政府治理和市场治理路径下，乡村人居建设不同参与主体的行为特征。在常规政府治理机制之下，村民呈现出不愿意主动参与乡村人居建设与日常维护、不愿意改变固有的行为生活习惯、少数村民采取对抗性行为的特征。但是在财政下乡制度创新的激励之下，村民的行为则有可能发生显著转变，例如，在一事一议与财政奖补的制度激励下，柏村的人居环境整治转变为村庄内部事务，村民则呈现出关心和支持村庄集体行动的行为特征。

在以政府和市场主体主导的常规市场治理机制之下，莲村的村民和市场主体的行为目标在于实现各自的利益最大化，地方政府通过大量资金和人力投入，承担大量交易成本，维持着并不稳固的利益联结关系。而在以村民为主导的市场治理机制

之下，石村的乡村人居建设参与主体能够各司其职，形成了更稳固的利益联结关系：地方政府发挥引领、启动、协调的功能，并将建设与治理权限适当下放给其他主体；市场主体充分发挥其在项目建设、运营、管理等方面的技术优势；村民及村集体在建设过程中充分参与项目的监管，避免市场主体的寻租行为，村民还承担相应的建设义务，分担地方政府在村庄公共品供给过程中的建设、维护成本以及交易成本。

8.3 反思与启示

8.3.1 对乡村人居建设的反思与启示

当前，大多数村庄的人居建设活动仍然遵循基层政府与市场主体联合主导之下的政府与市场混合治理的路径。这种治理结构之下的乡村人居建设，多数以基层政府与市场主体的利益诉求为导向。激发内生动力，调动乡村内部力量对接国家资源和社会资源，能够引导乡村人居建设逐渐回归村民的真实需求。然而，激发内生动力并不意味着否定政府和市场主体在乡村人居建设方面的积极作用，单靠村民自身是难以全面实施乡村人居建设行动的。我们迫切需要建立健全城乡融合发展体制，动员全社会力量投入乡村人居建设中，形成内外合力共同推动可持续的乡村建设与发展。其中的关键在于构建稳固而有效的利益联结机制，这种利益联结机制必须能够充分调动各主体的能动性，充分发挥各主体的职责作用：地方政府应发挥引领、启动、协调的功能，并将建设与治理权限适当下放给其他主体；市场主体应该充分发挥其在项目建设、运营、管理等方面的技术优势；村民及村集体应该在建设过程中充分参与项目的监管，避免市场主体的寻租行为，同时村民应承担相应的义务，分担地方政府在村庄公共品供给过程中的建设、维护成本。如此，乡村人居建设才能够逐渐摆脱对于政府和市场治理路径的依赖，形成以村民为主体的多中心治理格局。

8.3.2 对村庄规划的反思与启示

2022—2035 年，我国乡村振兴战略的实施将从模式探索和经验积累阶段进入到经验推广的全面振兴阶段。伴随着阶段性特征的变化，我国村庄规划的工作重点也在发生变化。“十四五”规划纲要指出，有条件的地区应编制实用性村庄规划，并发挥村庄规划在实施乡村建设行动中的引领作用。实用性村庄规划编制不仅要关注村庄物质空间问题还要关注经济社会问题；不仅要编制能用、管用、好用的规划成果，还要充分考虑常态化的规划实施与运行；更重要的是，实用性村庄规划必须符合村庄与村民的切实需求，村民才是编制和实施实用性村庄规划的主体。因此，实用性村庄规划是一种陪伴式规划，需要我们对于在地问题和新需求进行仔细研判，伴随着地方成长而提供空间规划设计服务（马向明 等，2024），实用性村庄规划需要解决村庄空间治理、社会治理问题。

为了实现以上目标，我们可以通过政策供给和制度创新，激发村民参与村庄规划编制、实施、运行等村庄公共品供给活动的内生动力，发挥村民作为规划编制与实施主体的作用。这就要求村庄规划编制的工作思路和工作体系要做出相应的调整。

（1）村庄规划编制要跳出原来作示范、做项目的套路，要将实用性村庄规划的编制与实施作为平衡村庄内外部主体利益需求的“聚点”；

（2）村庄规划师应主动介入村庄的日常社会生活和经济发展过程，发挥自身优势，获取关于村庄内外部影响因素的准确信息，承担起制度组织者的角色和职责；

（3）应在村庄规划编制和实施的过程中，建立规划师与村民之间的信息交换渠道以便了解村庄和村民发展的真实需求，建立规划师与村民之间相互信任的关系并接受村民的监督；

（4）以村庄内外部主体的共同需求为目标导向，发挥外部正式制度、乡土社会非正式制度和乡村精英等有利因素的积极影响，通过自下而上的制度创新设计，激发村民之间、村民与外部主体之间在实用性村庄规划编制、实施、运行过程中的合作。

如此一来，实用性村庄规划的编制与实施才能够回归村庄发展的真实需求，才能构建多元主体之间稳固而有效的利益联结机制，充分保障村民的权利并赋能于民、创富于民，真正实现可持续的规划实施与治理。

中国发展的历史与现实经验足以证明“改革始于乡野，智慧源于乡民”。“十四五”规划纲要指出，在全面实施乡村振兴战略的过程中要继续深化农业农村改革，促进要素更多向乡村流动，增强农业农村发展活力。未来，一旦城乡融合体制完全建立起来，乡村人居建设的内生动力将被全面激活，并且能够与注入乡村的外部力量拧成一股合力。相信在党的领导之下、在全体人民坚持不懈的努力之下，中国定能实现乡村全面振兴。届时，“三农”将成为能够应对一切艰难险阻的坚实后盾，支撑一个更有底气的中国屹立于世界之巅，不断创造发展奇迹，书写历史新篇！

参考文献

[1] 安永军，2020. 农村公共品供给中的“市场包干制”：运作模式与实践逻辑 [J]. 中国农村经济（1）：36–47.

[2] 常敏，2010. 农村公共产品集体自愿供给的特性和影响因素分析：基于浙江省农村调研数据的实证研究 [J]. 国家行政学院学报（3）：101–105.

[3] 曹海林，俞辉，2018.“项目进村”乡镇政府选择性供给的后果及其矫正 [J]. 中国行政管理（3）：69–75.

[4] 陈锡文，赵阳，陈剑波，等，2009. 中国农村制度变迁 60 年 [M]. 北京：人民出版社 .

[5] 陈前虎，刘学，黄祖辉，等，2019. 共同缔造：高质量乡村振兴之路 [J]. 城市规划，43（3）：67–74.

[6] 陈义媛，2019. 公共品供给与村民的动员机制 [J]. 华南农业大学学报（社会科学版）（4）：101–110.

[7] 陈映，沙治慧，2009. 成渝试验区统筹城乡综合配套改革新进展 [J]. 城市发展研究，16（1）：37–44.

[8] 邓宏图，崔宝敏，2007. 制度变迁中的中国农地产权的性质：一个历史分析视角 [J]. 南开经济研究（6）：118–141.

[9] 邓宏图，齐秀琳，2017. 组织、合约、激励与农村公共品供给：基于公社制与承包制的比较历史制度分析 [J]. 区域经济评论（4）：107–114.

[10] 丁国胜，彭科，王伟强，等，2016. 中国乡村建设的类型学考察：基于乡村建设者的视角 [J]. 城市发展研究，23（10）：60–66.

[11] 丁继红，李强，2005. 2005 年诺贝尔经济学奖得主：罗伯特 · J. 奥曼学术思想评述 [J]. 经济社会体制比较（6）：126–130.

[12] 杜姣，2017. 资源激活自治：农村公共品供给的民主实践：基于成都“村级公共服务”的分析 [J]. 中共宁波市委党校学报，39（4）：100–106.

[13] 杜姣，2021. 村干部的角色类型与村民自治实践困境：基于上海、珠三角、浙江三地农村的考察 [J]. 求索（3）：83–97+112.

[14] 段进，章国琴，2015. 政策导向下的当代村庄空间形态演变：无锡市乡村田野调查报告 [J]. 城市规划学刊（2）：65–71.

[15] 方辉振，2007. 农村公共品供给：市场失灵与政府责任 [J]. 理论视野（8）：52–54.

[16] 费孝通，2013. 乡土中国 [M]. 北京：生活 · 读书 · 新知三联书店 .

[17] 费孝通，2014. 江村经济 [M]. 北京：商务印书馆 .
[18] 付莲莲，邓群钊，2015. 农户参与新农村社区公共品供给的博弈分析 [J]. 生态经济，31（7）：96-100.
[19] 高功敬，2011. 中国农村社区基本公共品供给的合作机制 [J]. 南通大学学报（社会科学版），27（3）：65-76.
[20] 高名姿，韩伟，陈东平，等，2015. 乡村公共品有效供给之道：尊重社会资本：基于 L 村道路修建的经验分析 [J]. 湖南农业大学学报（社会科学版），16（4）：88-92.
[21] 高万芹，龙斧，2016. 村民自治与公共品供给的权利义务均衡机制：以 Z 县 G 乡 L 村为个案 [J]. 南京农业大学学报（社会科学版），16（5）：38-45.
[22] 桂华，2014. 项目制与农村公共品供给体制分析：以农地整治为例 [J]. 政治学研究（4）：50-62.
[23] 桂华，2018. 村级“财权”与农村公共治理：基于广东清远市农村“资金整合”试点的考察 [J]. 求索（4）：45-52.
[24] 郭旭，赵琪龙，李广斌 . 2015. 农村土地产权制度变迁与乡村空间转型：以苏南为例 [J]. 城市规划（8）：75-79.
[25] 韩俊，等，2012. 中国农村改革（2002—2012）：促进“三农”发展的制度创新 [M]. 上海：上海远东出版社 .
[26] 韩鹏云，刘祖云，2012. 农村公共品供给制度变迁：基于制度嵌入性的分析范式 [J]. 甘肃理论学刊（2）：20-125.
[27] 韩鹏云，2012. 农村社区公共品供给：国家与村庄的链接 [D]. 南京：南京农业大学 .
[28] 韩喜平，王晓兵，2020. 从“投放—遵守”到“参与—反馈”：贫困治理模式转换的内生动力逻辑 [J]. 理论与改革（5）：61-71.
[29] 何九盈，王宁，董琨，等，2019. 辞源（合订本）[M]. 第 3 版 . 北京：商务印书馆 .
[30] 贺龙，2016. 乡村自主建造模式的现代重构 [D]. 天津：天津大学 .
[31] 贺雪峰，2013. 小农立场 [M]. 北京：中国政法大学出版社 .
[32] 贺雪峰，2015. 论中坚农民 [J]. 南京农业大学学报（社会科学版），15（4）：1-6+131.
[33] 贺雪峰，2017. 谁的乡村建设——乡村振兴战略的实施前提 [J]. 学术争鸣（12）：71-76.
[34] 胡静林，2013. 深刻学习领会党的十八大精神，加快一事一议财政奖补政策转型升级 [J]. 农村财政与财务（7）：2-4.
[35] 胡纹，周颖，刘玮 . 2017. 曹家巷自治改造协商机制的新制度经济学解析 [J]. 城市规划（11）：46-51.
[36] 黄翠萍，2016. 公共物品供给中的农民合作何以可能？：M 村个案研究 [J]. 社会科学论坛（6）：234-244.
[37] 黄华，肖大威，2021. 基于内生理论的我国乡村发展模式研究 [J]. 小城镇建设，39（3）：10-16.
[38] 黄凯南，李菁萍，CHEO R，等，2021. 房屋拆迁中影响村民合作的因素分析：基于 7 个村庄的田野调查和行为实验研究 [J]. 中国经济问题（1）：67-80.

[39] 黄启发，庄晋财，成华，2017. 基于农民创业者的村庄公共品供给内生机制研究：温州市永嘉县桥下镇龙头村的案例 [J]. 农业经济问题（3）：55–62+111.

[40] 黄宗智，2000. 中国法律制度的经济史・社会史・文化史研究 [J]. 比较法研究（1）：79–86.

[41] 郐艳丽，2015. 我国乡村治理的本原模式研究：以巴林左旗后兴隆地村为例 [J]. 城市规划，39（6）：59–68.

[42] 菅泓博，段德罡，张兵. 2019. 非正规土地流转对乡村空间发展的影响：基于一个案例分析 [J]. 城市发展研究，26（12）：86–94.

[43] 吉丽琴，2017. 农村人居环境可持续治理的丹棱案例研究 [D]. 成都：电子科技大学.

[44] 焦长权，周飞舟，2016. "资本下乡"与村庄的再造 [J]. 中国社会科学（1）：100–116.

[45] 孔祥智，2020. 产权制度改革与农村集体经济发展：基于"产权清晰 + 制度激励"理论框架的研究 [J]. 经济纵横（7）：32–41+2.

[46] 李昌平，2013. "内置金融"在村社共同体中的作用：郝堂实验的启示 [J]. 银行家（8）：108–112.

[47] 李昌平，2020. 村社内置金融与内生发展动力：我的 36 年实践与探索 [M]. 北京：中国建筑工业出版社.

[48] 李昌平，2017. 中国乡村复兴的背景、意义与方法：来自行动者的思考和实践 [J]. 探索与争鸣（12）：63–70.

[49] 李冰冰，王曙光，2014. 农村公共品供给、农户参与和乡村治理：基于 12 省 1447 农户的调查 [J]. 经济科学（6）：116–128.

[50] 李培林，2019. 村落的终结：羊城村的故事 [M]. 北京：生活・读书・新知三联书店.

[51] 李琴，熊启泉，孙良媛，2005. 利益主体博弈与农村公共品供给的困境 [J]. 农业经济问题（4）：34–37.

[52] 李秀义，刘伟平，2016. 新一事一议时期村庄特征与村级公共物品供给：基于福建的实证分析 [J]. 农业经济问题（8）：51–62.

[53] 梁漱溟，2017. 乡村建设理论 [M]. 北京：商务印书馆.

[54] 林万龙，2001. 家庭承包制后中国农村公共产品供给制度诱致性变迁模式及影响因素研究 [J]. 农业技术经济（4）：49–53.

[55] 林修果，谢秋运，2004. "城归"精英与村庄政治 [J]. 福建师范大学学报（哲学社会科学版）（3）：23–28.

[56] 林毅夫，周其仁，姚洋，等，2018. 改革的方向 1：新时代，如何续写"中国奇迹"[M]. 北京：中信出版社.

[57] 林毅夫，2014. 关于制度变迁的经济学理论：诱致性变迁与强制性变迁 [M]// 科斯，阿尔钦，诺斯，等. 财产权利与制度变迁：产权学派与新制度学派译文集. 上海：上海三联书店.

[58] 刘春霞，2016. 乡村社会资本视角下中国农村环保公共品合作供给研究 [D]. 长春：吉林大学.

[59] 刘鸿渊，2013. 基于嵌入理论的农村社区性公共产品供给合作行为研究 [D]. 成都：西南交通大学.

[60] 刘世定，1995. 乡镇企业发展中对非正式社会关系资源的利用 [J]. 改革（2）：62–68.

[61] 刘玮，胡纹，2015. 从“汶川模式”到“芦山模式”：灾后重建的自组织更新方法演进 [J]. 城市规划（9）：27–32.

[62] 刘玮，2016. 既有住区更新的制度变迁：趋于自组织的技术路径研究 [D]. 重庆：重庆大学 .

[63] 刘玮，吕斌 .2018. 基于自组织理论的跨行政区历史文化资源整合路径：以曲阜、邹城、泗水为例 [J]. 城市发展研究，25（3）：70–76.

[64] 刘晓峰，李卉，张欣，2017. 农村公共品供给中的农民合作：过程叙事与影响因素 [J]. 常州大学学报（社会科学版），18（3）：69–77.

[65] 刘晓雯，李琪，2020. 乡村振兴主体性内生动力及其激发路径的研究 [J]. 干旱区资源与环境，34（8）：27–34.

[66] 卢现祥，朱巧玲，2021. 新制度经济学 [M]. 3 版 . 北京：北京大学出版社 .

[67] 卢现祥，2008. 论互惠制度 [J]. 江汉论坛（8）：23–28.

[68] 鲁西奇，2019. “下县的皇权”：中国古代乡里制度及其实质 [J]. 北京大学学报（哲学社会科学版），56（4）：74–86.

[69] 鲁迅，2006. 狂人日记 [M]. 北京：京华出版社 .

[70] 罗仁福，张林秀，黄季焜，等，2006. 村民自治、农村税费改革与农村公共投资 [J]. 经济学（季刊），5（4）：1296–1305.

[71] 马向明，史怀昱，张立鹏，等，2024. “规划师职业发展：挑战与未来”学术笔谈 [J]. 城市规划学刊（1）：1–8.

[72] 农业部乡镇企业局，中国乡镇企业协会，农业部乡镇企业发展中心，2008. 中国乡镇企业 30 年 [M]. 北京：中国农业出版社 .

[73] 彭长生，2007. 农村公共品合作供给的影响因素研究：以“村村通”道路工程为例 [D]. 南京：南京农业大学 .

[74] 彭小兵，彭洋，2020. “参与—反馈—响应”行动逻辑下乡村振兴内生动力发展路径研究：以陕西省礼泉县袁家村为例 [J]. 农林经济管理学报，20（3）：420–428.

[75] 齐秀琳，伍骏骞，2015. 宗族、集体行动与村庄公共品供给：基于全国“十县百村”的调研数据 [J]. 农业技术经济（12）：117–125.

[76] 乔翠霞，王骥，2020. 农村集体经济组织参与公共品供给的路径创新：大宁县“购买式改革”典型案例研究 [J]. 中国农村经济（12）：22–34.

[77] 青木昌彦，2005. 企业的合作博弈理论 [M]. 郑江淮，李鹏飞，谢志斌，等译 . 北京：中国人民大学出版社 .

[78] 时磊，杨德才，2008. 合作与不合作：农村社区公共品供给中的多重均衡 [J]. 制度经济学研究（4）：177–196.

[79] 申明锐，张京祥，2019. 政府主导型乡村建设中的公共产品供给问题与可持续乡村治理 [J]. 国际城市规划，34（1）：1–7.

[80] 申明锐，2020. 从乡村建设到乡村运营：政府项目市场托管的成效与困境 [J]. 城市规划，44（7）：9–11.

[81] 宋洪远，2000. 改革以来中国农业和农村经济政策的演变 [M]. 北京：中国经济出版社 .

[82] 宋洪远，2008. 中国农村改革三十年 [M]. 北京：中国农业出版社 .

[83] 孙莹，张尚武，2021. 乡村建设的治理机制及其建设效应研究：基于浙江奉化四个乡村建设案例的比较 [J]. 城市规划学刊（1）：44–51.

[84] 唐伟成，彭震伟，朱介鸣，2019. 诱致性制度变迁下的村庄要素配置机制研究：基于长三角的案例分析 [J]. 城市规划（6）：40–46.

[85] 陶琳，2011. 社会交换理论视野下传统村落精英结构变迁简析 [J]. 思想战线（4）：141–142.

[86] 温铁军，2011. 解读苏南 [M]. 苏州：苏州大学出版社 .

[87] 温铁军，2013. 八次危机：中国的真实经验 1949—2009[M]. 北京：东方出版社 .

[88] 温铁军，高俊，2016a. 重构经济危机“软着陆”的乡土基础 [J]. 探索与争鸣（4）：4–9.

[89] 温铁军，杨帅，2016b.“三农”与“三治”[M]. 北京：中国人民大学出版社 .

[90] 温铁军，2018. 生态文明与比较视野下的乡村振兴战略 [J]. 上海大学学报（社会科学版）（1）：1–10.

[91] 温铁军，张俊娜，2020. 疫情下的全球化危机及中国应对 [J]. 探索与争鸣（4）：86–98.

[92] 伍波，2019. 乡村振兴中集体土地项目全程运营模式与实践 [M]. 北京：中国法制出版社 .

[93] 万国鼎，2011. 中国田制史 [M]. 北京：商务印书馆 .

[94] 吴理财，2015. 财政自主性、民主治理与村庄公共品供给：2014 年 15 省（区）102 县 102 村的问卷调查分析 [J]. 社会科学研究（1）：37–43.

[95] 吴毅，2002. 双重边缘化：村干部角色与行为的类型学分析 [J]. 管理世界（11）：78–85+155–156.

[96] 吴毅，杨震林，2004. 道中“道”：一个村庄公共品供给案例的启示：以刘村三条道路的建设为个案 [J]. 江西社会科学（1）：30–33.

[97] 吴毅，2018. 小镇喧嚣：一个乡镇政治运作的演绎与阐释 [M]. 北京：生活·读书·新知三联书店 .

[98] 王宏甲，2017. 塘约道路 [M]. 北京：人民出版社 .

[99] 王海娟，2015. 项目制与农村公共品供给“最后一公里”难题 [J]. 华中农业大学学报（社会科学版）（4）：62–67.

[100] 王汉生，1994. 改革以来中国农村的工业化与农村精英构成的变化 [J]. 中国社会科学季刊（8）：1–11.

[101] 王杰森，2021. 后扶贫时代脱贫内生动力培育的长效机制研究：基于马克思人的全面发展理论 [J]. 内蒙古农业大学学报（社会科学版）（4）：1–5.

[102] 王金国，2012. 农村公共品供给主体的博弈研究：基于行为差异视角 [J]. 农村经济（6）：20–23.

[103] 王勇，李广斌，2019. 苏南乡村集中社区建设类型演进研究 [J]. 城市规划，43（6）：55–63.

[104] 汪越，等，2018. 土地制度改革影响下的乡村重构：基于成都市三个村落的比较分析 [J]. 城市发展研究，25（6）：103–111.

[105] 夏英，张瑞涛，2020. 农村集体产权制度改革：创新逻辑、行为特征及改革效能 [J]. 经济纵横（7）：59–66.

[106] 肖龙，2020. 项目进村中村干部角色及村庄治理型态 [J]. 西北农林科技大学学报（社会科学版），20（1）：71–80.
[107] 许经勇，2009. 中国农村经济制度变迁 60 年研究 [M]. 厦门：厦门大学出版社 .
[108] 许烺光，2017. 美国人与中国人 [M]. 杭州：浙江人民出版社 .
[109] 徐勇，1997. 村干部的双重角色：代理人与当家人 [J]. 二十一世纪（香港中文大学）（8）：10–20.
[110] 徐勇，邓大才，2006. 中国农村调查 [M]. 北京：社会科学文献出版社 .
[111] 杨国枢，2004. 中国人的心理与行为：本土化研究 [M]. 北京：中国人民大学出版社 .
[112] 杨慧莲，韩旭东，李艳，等，2018. "小、散、乱" 的农村如何实现乡村振兴？：基于贵州省六盘水市舍烹村案例 [J]. 中国软科学（11）：148–162.
[113] 杨帅，等，2020. 空间资源再定价与重构新型集体经济 [J]. 中共中央党校（国家行政学院）学报（6）：110–118.
[114] 杨懋春，2000. 一个中国村庄 [M]. 南京：江苏人民出版社 .
[115] 杨永忠，林明华，2008. 农村公共产品多元主体供给的制度约束：马甲村路灯供给案例研究 [J]. 中国工业经济（1）：123–130.
[116] 贠鸿琬，2009. 农村公共品多元化供给主体的责任划分 [J]. 农村经济（8）：11–14.
[117] 严瑞珍，龚道广，周志祥，等，1990. 中国工农业产品价格剪刀差的现状、发展趋势及对策 [J]. 经济研究（2）：64–70.
[118] 姚树荣，周诗雨，2020. 乡村振兴的共建共治共享路径研究 [J]. 中国农村经济（2）：14–29.
[119] 叶裕民，戚斌，于立，2017. 基于土地管制视角的中国乡村内生性发展乏力问题分析：以英国为鉴 [J]. 中国农村经济（3）：123–137.
[120] 于秋华，2012. 中国乡村工业化的历史变迁 [M]. 大连：东北财经大学出版社 .
[121] 张봉，2019. 基于行动者网络理论的台湾"内生式"乡村建设研究：以新竹县南埔社区为例 [D]. 重庆：重庆大学 .
[122] 张超，罗必良，2018. 中国农村特色扶贫开发道路的制度分析：基于产权的视角 [J]. 数量经济技术经济研究（3）：3–20.
[123] 张环宙，黄超超，周永广，2007. 内生式发展模式研究综述 [J]. 浙江大学学报（人文社会科学版），37（2）：61–68.
[124] 张军，蒋维，1998. 改革后中国农村公共产品的供给：理论与经验研究 [J]. 社会科学战线（1）：36–44.
[125] 张京祥，张尚武，段德罡，等，2020. 多规合一的实用性村庄规划 [J]. 城市规划，44（3）：74–83.
[126] 张琦，李顺强，2021. 内生动力、需求变迁与需求异质性：脱贫攻坚同乡村振兴衔接中的差异化激励机制 [J]. 湘潭大学学报（哲学社会科学版），45（3）：65–72.
[127] 张庭伟，2023. 城市规划学科的学理问题 [M]. 城市规划，47（11）：51–66.
[128] 张五常，2015. 经济解释 [M]. 北京：中信出版社 .
[129] 张银锋，2013. 村庄权威与集体制度的延续 [M]. 北京：社会科学文献出版社 .

[130] 折晓叶，2020. 村庄的再造：一个超级村庄的变迁 [M]. 北京：商务印书馆 .

[131] 赵民，等，2015. 论农村人居空间的“精明收缩”导向和规划策略 [J]. 城市规划，39（7）：9–18+24.

[132] 赵民，等，2016. 论城乡关系的历史演进及我国先发地区的政策选择：对苏州城乡一体化实践的研究 [J]. 城市规划学刊（6）：22–30.

[133] 赵秀玲，1998. 中国乡里制度 [M]. 北京：社会科学文献出版社 .

[134] 赵燕菁，2011. 城市增长模式与经济学理论 [J]. 城市规划学刊（6）：12–19.

[135] 郑凯文，2019. 基于“结构—行动”分析框架的宅基地退出机制研究：以宁波市为例 [D]. 杭州：浙江大学 .

[136] 钟裕民，刘克纾，2008. 新农村建设中村级公共品供给的激励与监控：基于对村委会和村民之间委托代理关系的考察 [J]. 求实（3）：92–94.

[137] 周国艳，2009. 西方新制度经济学理论在城市规划中的运用和启示 [J]. 城市规划（8）：9–17.

[138] 周立，2020. 中国农村金融体系的政治经济逻辑（1949~2019 年）[J]. 中国农村经济（4）：78–98.

[139] 周亮，朱建文，2014. 政府与农村精英对农村公共品的供给决策分析：基于演化博弈的视角 [J]. 平顶山学院报，29（5）：105–110.

[140] 周绍斌，高林，2016. 农村公共品供给演变的制度分析：基于历史制度主义的解释 [J]. 浙江师范大学学报（社会科学版），41（1）：84–90.

[141] 周其仁，2017a. 产权与中国变革 [M]. 北京：北京大学出版社 .

[142] 周其仁，2017b. 改革的逻辑 [M]. 北京：中信出版社 .

[143] 周其仁，1999. 研究真实世界的经济学 [M]// 张曙光 . 中国制度变迁案例研究（第二集）. 北京：中国财政经济出版社 .

[144] 王立彬 . 我国将探索农村宅基地“三权分置”[N/OL].（2018–01–16）[2021–03–05]. 新华每日电讯，2018–01–16（01）. https：//www.gov.cn/xinwen/2018–01/16/content_5256900.htm.

[145] 中华人民共和国中央人民政府 . 国家旅游局发布《厕所革命推进报告》全国已完成新改建厕所 52485 座 [N/OL].（2017–05–27）[2020–05–30]. https：//www.gov.cn/xinwen/2017–05/27/content_5197374.htm.

[146] 奥斯特罗姆，2012. 公共事物的治理之道：集体行动制度的演进 [M]. 余逊达，陈旭东，译 . 上海：上海译文出版社 .

[147] 威廉姆森，2020. 资本主义经济制度：论企业签约与市场签约 [M]. 段毅才，王伟，译 . 北京：商务印书馆 .

[148] 诺思，2008. 制度、制度变迁与经济绩效 [M]. 杭行，译 . 上海：格致出版社 .

[149] 诺斯，1991. 经济史中的结构与变迁 [M]. 陈郁，罗华平，等译 . 上海：上海三联书店 .

[150] 帕特南，2001. 使民主运转起来 [M]. 王列，赖海榕，译 . 南昌：江西人民出版社 .

[151] 科斯，2014. 企业、市场与法律 [M]. 盛洪，陈郁，译 . 上海：格致出版社 .

[152] 赫勒，2009. 困局经济学 [M]. 闾佳，译 . 北京：机械工业出版社 .

[153] 奥尔森，2014. 集体行动的逻辑 [M]. 陈郁，郭宇峰，李崇新，译 . 上海：格致出版社 .

[154] 涂尔干，2020. 社会分工论 [M]. 渠敬东，译 . 北京：商务印书馆 .
[155] 谢林，2011. 冲突的战略 [M]. 赵华，译 . 北京：华夏出版社 .
[156] 舒尔茨，2014. 制度与人的经济价值的不断提高 [M]// 科斯，阿尔钦，诺斯，等 . 财产权利与制度变迁：产权学派与新制度学派译文集 . 上海：上海三联书店 .
[157] 斯密，2019. 国富论 [M]. 文竹，译 . 北京：中国华侨出版社 .
[158] 菲尔德，2005. 利他主义倾向：行为科学进化理论与互惠的起源 [M]. 赵培，杨思磊，杨联明，译 . 长春：长春出版社 .
[159] 杨小凯，黄有光,2018. 专业化与经济组织：一种新兴古典微观经济学框架[M].张玉纲，译.北京：社会科学文献出版社 .
[160] 约翰 · 梅纳德 · 史密斯，2008. 演化与博弈论 [M]. 潘香阳译 . 上海：复旦大学出版社 .
[161] 德姆塞茨，1994. 关于产权的理论 [M]. 上海：上海三联书店 .
[162] 田原史起，2012. 日本视野中的中国农村精英：关系、团结、三农政治 [M]. 济南：山东人民出版社 .
[163] BOURDIEU P，1992. The Logic of Practice[M]. Palo Alto：Stanford University Press.
[164] OSTROM E，1990. Governing the commons[M]. Cambridge：Cambridge University Press.
[165] HARDIN G，1968. The tragedy of the commons[J]. Science，5364：1243–1248.
[166] HARDIN G，1978. Political requirements for preserving our common heritage[R]//BOKAW H P. Wildlife and America. Washington，D.C.：Council on Environmental Quality：310–317.
[167] SIMON H A，1978. pationality as process and as product of thought[J]. American Economic Review，68（5）：1–16.
[168] GORDON H S，1954. The economic theory of a common–property resource：the fishery[J]. Journal of Political Economy，2（62）：124–142.
[169] DALES J H，1969. Pollution，property，and prices[J].The University of Toronto Law Journal，10：277–278.
[170] LEVI M，1988. Of rule and revenue[M]. Oakland：University of California Press.
[171] TIAN L，ZHU J M，2013. Clarification of collective land rights and its impact on non–agricultural land use in the Pearl River Delta of China：A case of Shunde[J].Cities，35：190–199.
[172] GRANOVETTE M，1985. Economic action and social structure：the problem of embeddedness[J]. American Journal of Sociology，11：481–510.
[173] OLSON M，1971. The logic of collective action：public goods and the theory of group [M]. Cambridge：Harvard University Press.
[174] OPHULS W，1973. Leviathan or oblivion[M]//DALY H E. Toward a steady state economy. San Francisco：Freeman：215–230.
[175] SAMUELSON P A，1955. Diagrammatic exposition of a theory of public expenditure[J]. Review of Economics and Statistics，37（4）：350–356.
[176] DUARA P，1988. Culture，power，and the state：rural North China，1900—1942[M]. Stanford：Stanford University Press.

[177] MUSGRAVE R A，1959. The theory of public finance：a study in public economy[J]. Journal of Political Economy，99（1）：213–213.

[178] SMITH R J，1981. The ecole normale superieure and the third republic[M].Albany：State University of New York Press.

[179] SPEELMAN EN，GROOT JCJ，GARCÍA–BARRIOS LE，et al.，2014. From coping to adaptation to economic and institutional change—Trajectories of change in land–use management and social organization in a Biosphere Reserve community，Mexico[J].Land Use Policy，41：31–44.

[180] SHAMI，MAHVISH，2012. Collective Action，Clientelism，and Connectivity[J].American Political Science Review，106：588–606.

[181] CASON T N，KHAN F U，1999. A Laboratory study of voluntary public goods provision with imperfect monitoring and communication[J]. Journal of Development Economics，58（2）：533–552.

[182] VAN DER PLOEG J D，LONG A，1994. Endogenous development：practices and perspectives[M]// VAN DER PLOEG J D，LONG A. Born from within：practice and perspectives of endogenous rural development. Assen：Van Gorcum..

[183] WILLIAMSON O E，2000. The New Institutional Economics：taking stock，looking ahead [J]. Global Jurist，38（3）：595–613.